完全手绘

室内设计手绘表现

徐伟　罗婷　张新宇 —— 著

南京师范大学出版社
NANJING NORMAL UNIVERSITY PRESS

图书在版编目（CIP）数据

完全手绘·室内设计手绘表现 / 徐伟，罗婷，张新
宇著 . -- 南京：南京师范大学出版社，2018.7
（设计专业手绘表现丛书）
ISBN 978-7-5651-3646-7

Ⅰ . ①完… Ⅱ . ①徐… ②罗… ③张… Ⅲ . ①室内装
饰设计 – 绘画技法 Ⅳ . ① TU204

中国版本图书馆 CIP 数据核字（2018）第 000895 号

丛 书 名　设计专业手绘表现丛书
书　　名　完全手绘·室内设计手绘表现
作　　者　徐　伟　罗　婷　张新宇
策划编辑　何黎娟
责任编辑　何黎娟
装帧设计　观止堂 _ 未氓
出版发行　南京师范大学出版社
地　　址　江苏省南京市玄武区后宰门西村 9 号（邮编：210016）
电　　话　（025）83598919（总编办）83598412（营销部）83598297（邮购部）
网　　址　http://www.njnup.com
电子信箱　nspzbb@163.com
印　　刷　江苏凤凰扬州鑫华印刷有限公司
开　　本　889 毫米 × 1194 毫米　1 / 16
印　　张　10
字　　数　115 千
版　　次　2018 年 7 月第 1 版　2018 年 7 月第 1 次印刷
书　　号　ISBN 978-7-5651-3646-7
定　　价　49.80 元

出 版 人　彭志斌

手绘是美术、设计等专业的同仁们一项重要的专业技能，它与设计实践密不可分。建筑环境、工业产品、服装、动漫等专业手绘的形式各具专业特殊性，对于设计人员，以及其他从事设计绘图相关职业的人来说，手绘能力是设计师的立身之本，手绘应贯穿设计师的整个职业生涯。

一般来说，室内设计类手绘主要有前期构思设计方案的研究性手绘和设计成果部分的表现性手绘之分，前者被称为思维草图，后者被称为表现图或者效果图。

著名心理学家鲁道夫·阿恩海姆指出：形象化思考是形象视觉能力、想象创造能力、绘图能力三种形式下的产物，它与人脑思维活动的同步性是其他手段不能取代的。实践证明，国内外的许多优秀设计师均精于此道，出色的图示思维亦是他们成功的秘诀。另外，手绘是设计师与他人沟通的有效工具，在当今这个读图时代，过硬的手头功夫胜过浮夸的语言，设计师理应以"图"服人、以"图"立世。

本书结合作者自己的优秀室内设计表现作品，将工具（马克笔等）、透视、构图、空间、表现技法、应用价值等内容以图文并茂的形式系统展现给了大家，它既可以让初学者在短期内掌握一种艺术表现技法，又因设计方法、表现技法融于一体而可作为室内设计师交流学习的好媒介。通过阅读本书，可以使读者在掌握绘画技法与设计技法的基础上，借助于色彩学、符号学、美学等诸多知识，快速生动地创作、表现、设计造型与色彩丰富的室内人居环境。

我一直强调高校设计教育课程中手绘训练的重要性，也坚信手绘永远极富时代性。徐伟是我的同事，也是我的博士生，我鼓励他在手绘技法上的探讨，也欣赏他在手绘理论上的建树。近十年来，他不仅出版了《米粒之光——马克笔表现技法》《环境艺术手绘表现史》等技法和史论著述，更潜心于人居环境科学视野下手绘图像学的学术研究，是研究系统的完善，亦是由景格到人格的提升！可喜可贺！手绘，因大美而执着，因不易而坚持！

李亚军

教授、博士生导师
南京理工大学设计艺术与传媒学院院长
教育部设计类专业教指委委员

前言
——— preface

随着科学技术的发展，人类世界日新月异，数字化工具延伸了人脑和手的功用，似乎一切都被数字化占据或替代。值得欣慰的是，手绘的作用一直都在被强调，无论是捕捉思想火花、记录突发创意、拓宽思路，还是业界沟通交流，手绘仍是最有效的方法，它是设计师创造的起点，也是创意的结果呈现。手绘在设计中的作用毋庸置疑。近年来，笔者通过对手绘表现史及手绘图像学的研究，力求从古往今来的经典手绘中发掘设计手绘表现图的综合价值。比如，探讨绘画者（设计师）对环境的美学期待，对文化的传达，对社会愿景的展望，甚至自己的政治立场的体现，进而发现手绘中的"景格"与"人格"共融相生现象并对此展开研究，精彩异常，收获良多。

手绘的快速表达在建筑、景观、室内等领域有着广泛的应用。近年来，手绘作品的国际性交流和比赛也逐渐增加，并有升温趋势。这些现状不仅强调了手绘在设计中的地位，也促进了交流，提升了参与者的眼界。现在各大高校设计类专业本科教学阶段基本都有手绘表现专业课，但集中授课时间较短，且师资手绘水平良莠不齐，手绘表现手法略显单薄，课堂质量总体来看不算高。很多学生如有进一步求学或求职的需求，一般会报一些培训班进行大量集中练习。

目前市面上手绘技法丛书很多，技艺不凡，但多为绘图集，多作品少讲解，更甚者是纯粹的美图集，缺少工程设计实践经验。

本书侧重于图示的实践性和手绘的可操作性，并重点针对马克笔表现技法，阐述了马克笔工具和运用、马克笔基础练习、透视基础、构图要点等，此外，还包括空间中的陈设以及不同空间表现步骤、表现要点分析、设计表现入学和入职考试介绍等多方面的内容。该书适用于高等院校中的建筑设计、环境艺术设计、景观设计、室内设计等专业的师生以及其他相关从业人员。毕竟善于手绘表现的设计师，他一定更成熟、更强，才必然更受欢迎！

书稿付梓之际，感谢之人良多。感谢高老师和何老师，有幸受高祥生老师推荐参与南京师范大学出版社何黎娟老师统筹的环境设计手绘丛书编著行列，既诚惶诚恐，也有诸多兴奋。感谢我的博士生导师李亚军先生，百忙之中为我们写书序，鞭策间满满的鼓励。最要感谢的是导师赵思毅先生，先生大爱至善，弟子溢于言表。感谢工作室所有学生，特别是卞扬扬和周歆怡二位，他们为文稿的图片整理及视频剪辑做了不少工作，真诚表示感谢。

感谢2015年教育部课题（15YJC760109）、江苏省社科基金项目（15YSB005）和江苏省研究生教育教学改革课题（JGLX18_086）的资助！

本书是我们多年教学的感悟与心血，但难免管窥之见。三人合作不仅是能力的补充，亦为风格上的丰富。如有未尽之处，请不吝赐教！

但愿此书能给您带来看得懂、用得上，且好用之感。

目录
———
Contents

序

前言

第一章　室内设计手绘概述

第二章　室内设计手绘表现的基本要素

第五章 室内空间表现

第六章 手绘方案图绘制

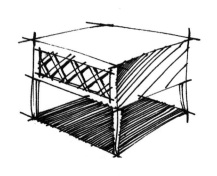

1st

CHAPTER

室内设计手绘概述

一、手绘表现的作用与特点
二、手绘表现的类型
三、手绘表现的工具及材料

一、手绘表现的作用与特点

设计手绘[①]表现的对象是环境中的所有景致，其一大特点是表现形式多种多样，可以是写生草图，也可以是对设计思维火花的瞬间闪现的记录，而更多的则是设计效果的渐进推敲直至完整设计意图的展现。手绘无时间、空间的界限，能为所有人理解是手绘的第二大特点。一般来说，手绘表现是从传统绘画中发展出来的，设计手绘的不同之处在于，它将设计内容用徒手绘画的方式快速表现出来，且严格遵循透视原理。

手绘表现图的价值主要体现在两点：

实用价值——提升设计师艺术修养，帮助思考推敲构思，准确体现设计意图，便于设计交流和提升美化设计方案等。

美学价值——手绘表现图本身就是一幅艺术作品，它如绘画作品一样，有其内在的精神价值和美学品位，体现着作者个人的艺术风格和思想倾向。手绘的魅力就是通过绘画方式，以点、线、面、体、色彩等造型元素，对环境对象进行符号化、艺术化的表达。

手绘表现还有其他特点：

快速便捷——手随心动，思维所到之处能立即徒手快速地表现出来。

实用有效——在短时间内表达设计构思，能对设计效果进行即时调整表现，徒手对设计思维进行探讨表达，展示设计过程及成果。

中国早在魏晋时期，就有一位数学家刘徽在《九章算术注》中说：析理以辞，解体用图。与文字一样，图画是一门沟通交流的工具和语言，尤其在当下，其具有高效、共通、包容的优势，而且，更具时代性。业界一直有这样的话：设计师几支马克笔包打天下。尽管是笑谈，但不无道理。设计师的核心就是思维和图示，后者这门技能需要天赋，更需要后天的训练。所以，作为设计师，更应该熟练掌握和应用图画语言，为方案的思考推敲也好，为技能素养的提升锻炼也好，都应该坚持不懈、持之以恒地画下去。在手绘过程中，我们要思考的问题也很多：画面构图关系、内容主次关系、空间透视的关系、物体明暗关系、形体结构关系、工具技巧关系等。

建筑界泰斗、中国工程院院士钟训正先生一生酷爱手绘，画笔不辍。他早年去国外访学交流，初来乍到的他一开始就是依靠现场设计手绘图博得西方同行欣赏、佩服的。钟先生的绘图风格独特、场面宏大、线条老辣、透视准确、形体到位，艺术素养极高。天津大学教授彭一刚是世界著名的建筑师，也是知名的建筑画大师，他的手绘图线条多为颤线，优美得令阅者深深折服。

审美是趋同的，但风格是各异的。对于不同的绘画技法、程式，大家都应该去学习和体悟，但最终要在练习中寻找适合自己的手绘图的风格语言，千万不要"仿"一家而走进死胡同。

手绘图训练之时，切不可拘谨而放不开，要敢画、多画，宁脏勿净。

[①]手绘表现内容的范围极广，包括建筑表现、景观表现、工业产品表现、服装表现等诸多内容。本文的讨论手绘表现对象，仅限于室内设计内容范畴。

经典符号性的线条，充满了自由和不确定性，打破了虚幻与现
实的界限，融先锋性与复古性于一体

1.表达设计思维

此类图重点是对设计思维和设计实现的综合考察，画面效果不是核心目的。

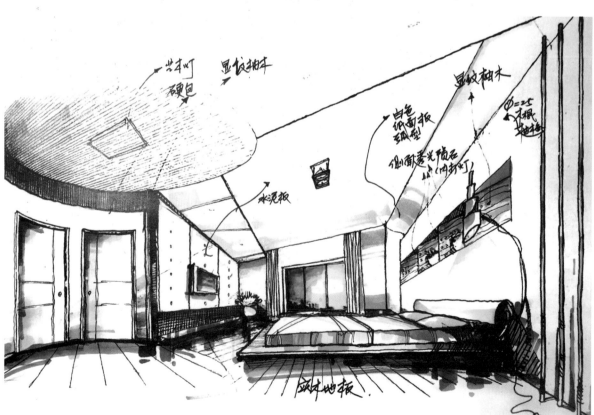

室内设计手绘表现

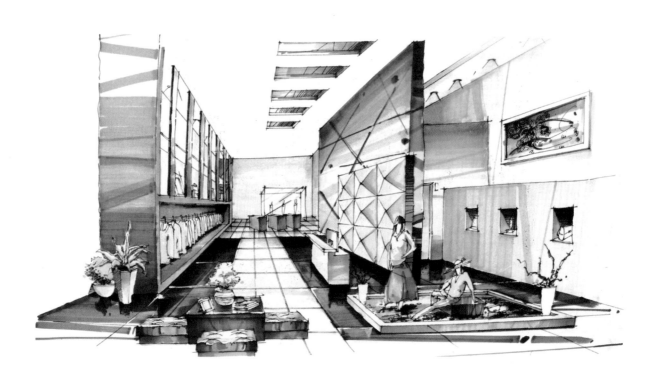

室内设计手绘表现

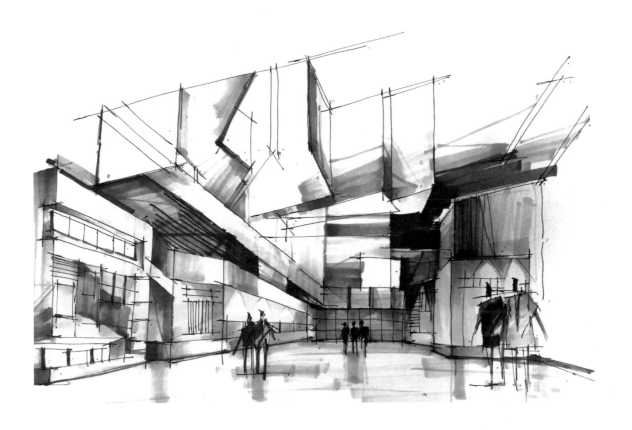

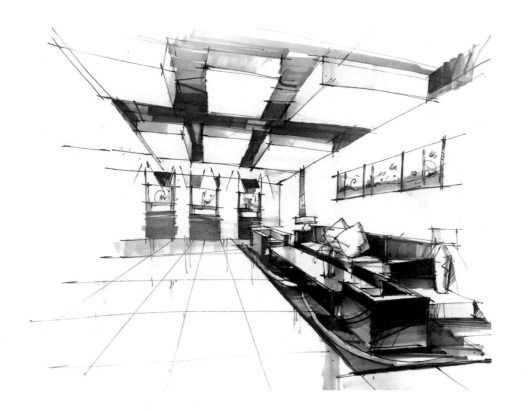

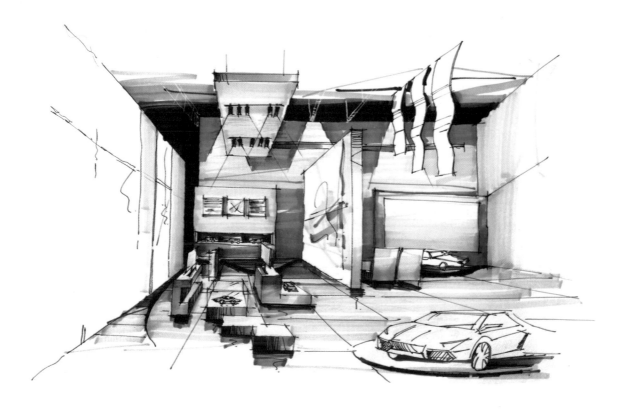

2.提升画面效果

此类图是设计师为追求完美的画面效果而作的训练，关注的是画面和空间深入完整的表达。

二、手绘表现的类型

从艺术学科的专业方向来看，手绘表现图可分为建筑景观、风景园林、工业产品、家具设计等。

当然，还可以按目的来分，则手绘表现图可分为记录性、思考性、表现性等类别，在此不一一赘述。

景观环境设计表现图

就室内设计而言，从作画方式来分，手绘表现类型大致可以分为两类：一种是纯手绘，整个过程除了手和笔之外，不借助其他媒介；另一种是手绘后在电脑中处理（如PS软件等），或者利用数位板等工具直接在电脑上画，亦称为电脑手绘。纯手绘对训练和提高手绘水平有很大的促进作用，创造性、艺术性俱佳，对设计意图及效果的表达更为便捷、直

建筑设计表现

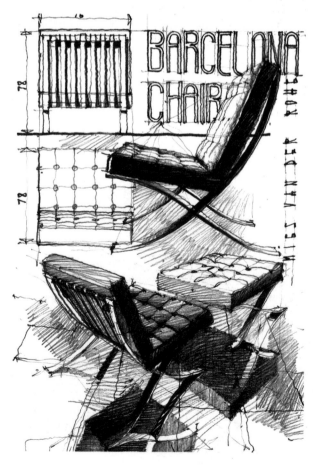

家具设计表现图

观，适用于设计构思阶段，方案设计常见以草图绘制进行，便于寻求设计灵感；而电脑手绘，可利用图层功能复制与保存，省略部分绘画步骤，能直观清晰地模拟真实效果，更适用于模型构建及电脑特制效果（如渐变、羽化等）处理，避免烦琐的手工绘制过程，适用于有大量图纸输出需求的设计项目。

　　从徒手绘制表现图的工具上来分，手绘种类也不胜枚举，诸如铅笔手绘、钢笔手绘、彩色铅笔手绘、马克笔手绘、水彩手绘、水粉手绘、色粉手绘等。本书在此只列举常用、便捷、有效的几种手绘类型。

纯手绘范例

电脑手绘范例 1　　　　　　　　　　　　　　　　电脑手绘范例 2

电脑手绘作品绘制过程

1.铅笔手绘

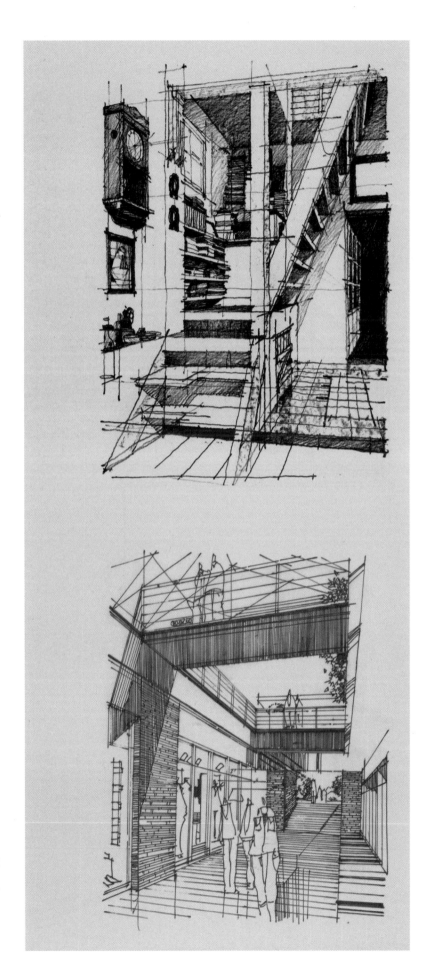

2.钢笔手绘

和铅笔一样，钢笔重在训
练手绘过程，但表现完整度不
足，无法准确表现色彩和材
质，在传统设计表现中表现力
稍有欠缺。

3.彩色铅笔手绘

彩色铅笔（以下简称彩铅）手绘虽有色彩，但色彩的丰富性不强，没有过多的装饰意味，只能尽量体现出手绘者纯粹的在材质和空间方面的思考。目前，彩铅手绘表现常见于国际设计竞标方案中。

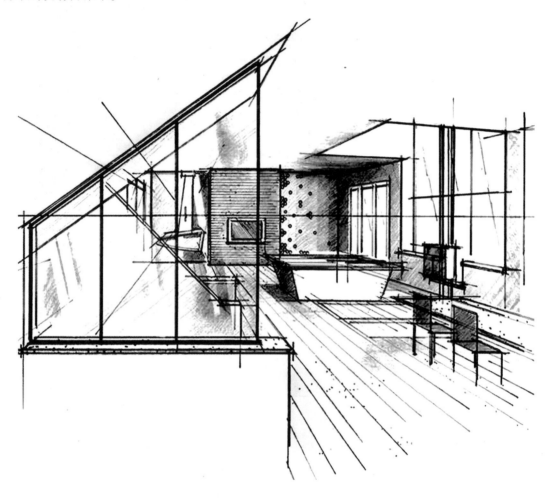

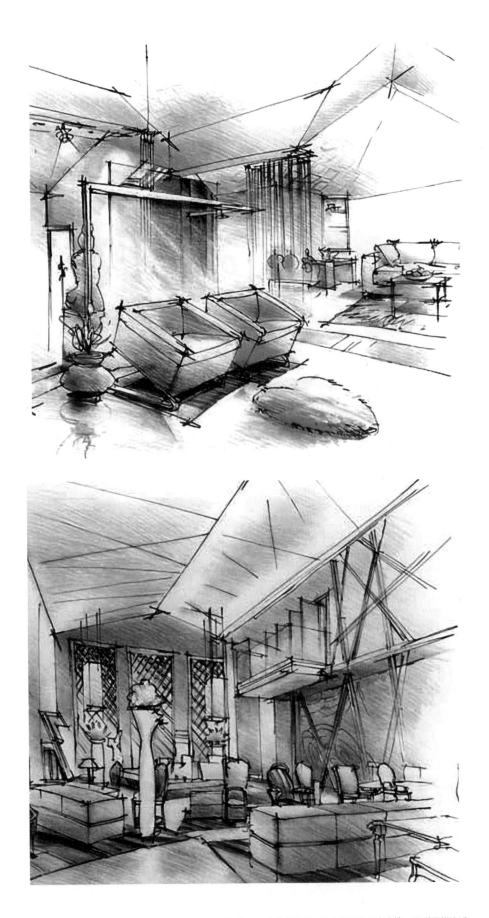

彩色铅笔手绘表现图，优点是色彩选择多样且易把控，可素雅可绚烂；缺点是不能多次涂抹，否则可能造成画面反光，且会给人以"腻、燥"之感

4.水彩手绘

水彩表现从古至今有诸多的经典代表作。其优点是色调统一，画面富于诗意，色彩丰富且透明温润；缺点是对技法要求高，绘制的程序性强，并对工作环境有一定要求。

5.马克笔手绘

马克笔相对于其他工具，表现手法更多样，画面效果更丰富。可快速表现，也可深入表现细节，可写意、可工描。绘画工具携带和操作方便，工作环境也随意。

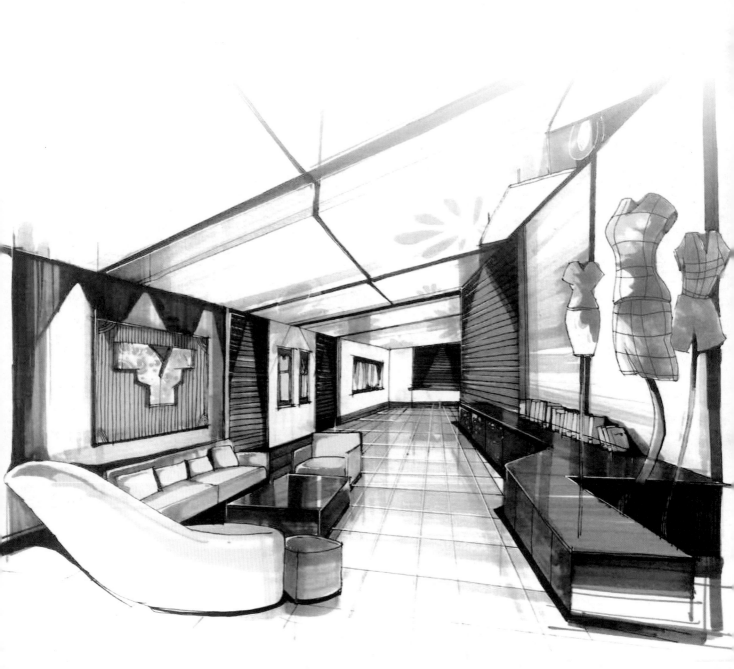

该图充分显示了马克笔表现出的画面内容的丰富性和技法的优越性，具体运用手法因人而异；画面严谨细致，色调和材质
表达到位，笔意及技法极富机械美学和时代感

三、手绘表现的工具及材料

综观上述手绘图示的类型，可见手绘表现图类型众多、体系庞大、精彩纷呈，它们各具特点。因而，大家在学习手绘表现时，要因人而异，依据个人喜好而选择工具和方法。艺术表现理应百花齐放，多维展现。

从表现的速度、效率、效果、风格等角度出发，笔者推荐采用综合性绘画技法，即，先用钢笔造型，后用马克笔整体上色，再用彩铅进行细节调整。

0.05mm—0.8mm 的黑色勾线笔

白色修正液笔

勾线笔及修正液

德系天鹅（STABILO）
马克笔、彩色铅笔、绘画铅笔

1.绘图笔

画线稿一般选择专业绘图勾线笔为佳，此类笔有笔头粗细之分，常规选择4~5支就够用了（分别为0.05、0.1、0.5和0.8四种型号）。值得注意的是，绘制手绘图尽量不要用普通黑色签字笔，否则，线稿画好后，在用马克笔上颜色时，往往会出现线条受浸润化掉走形、图像不清、线条乏力，且画面效果花乱等问题。

2.马克笔

马克笔是随着现代化工业的发展而出现的一种新型书写、绘画工具，其名称源于英语"Marker"（标记）。马克笔速干、稳定性高，具备非常完整的色彩系统。

马克笔分为油性和水溶性两类。

油性马克笔溶剂为酒精类溶液，易挥发，颜色鲜亮透明，纯度高，重复叠加使用也能保持色彩鲜亮不变；有较强的渗透力，尤其适合在硫酸纸上作图。但是，对于其性能的掌握要求较高，必须经过多画多练才能达到运用自如的状态。

水性马克笔纯度较之前者要低一些，使用起来也比较温和，但若叠加使用，色彩会失去原有的亮度，造成画面脏乱之感。其颜料可溶于水，通常适合在较紧密的卡纸或铜板纸上作画。

马克笔有两种头，一种尖细、一种扁平，各有妙处，平时对于各种笔头的马克笔要留意收集。对初学者来说，毛笔形的马克笔头也非常有效。

一般建议在选择马克笔时，多选灰色系，并着重于如N（Neutral Gray，中性灰）、YG（Yellow

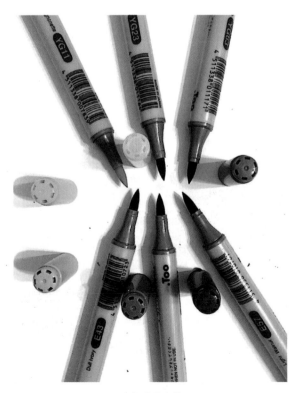

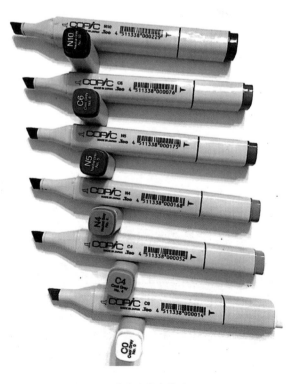

尖细头马克笔　　　　　　　　　　　　　　扁平头马克笔

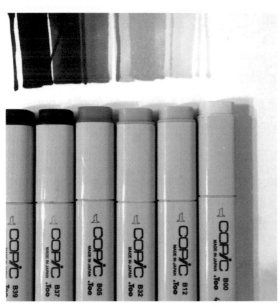
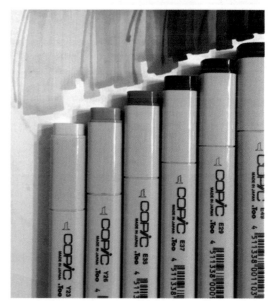

四大色系

Green，黄绿）、B（Blue，蓝）、E（Earth，大地色）、Y（Yellow，黄）几大色系。马克笔如同水彩，画得好，会显得透明、干净、帅气。画同一物体时尽量使用同色系深浅渐变的马克笔，可以先不要考虑环境色。

平时多体验马克笔颜色单笔、重笔、叠加、渐变、冷暖的不同效果，并按深浅、冷暖排好顺序，力求绘图时所需笔色可以明确定位、信手拈来。

3.彩色铅笔

马克笔上色后，可以再用彩色铅笔调整，能做到所绘之处色块不争不抢、安静包容、和谐共处。

彩色铅笔的选择自由度相对比较大，建议选购水溶性彩色铅笔，其与马克笔颜色交融会有意想不到的效果。市面上，德国辉柏嘉FABER-CASTELL和中国马可这两款彩铅都不错，辉柏嘉笔芯偏硬，马克笔笔芯稍软。

4.纸张等

至于纸张，目前常用的有硫酸纸、铅画纸、复印纸、有色卡纸等。

对于环境艺术设计专业的学生，建议使用常见的A3、A4规格的复印纸来描绘正稿和上色，除非尺寸上有特殊要求，例如，超过A3大的需要选择版面更大的铅画纸。复印纸等白纸类由于吸收颜色过快，不利于颜色之间的过渡，画出来的色彩往往偏重，不宜做深入刻画，因而只适用于草图和色彩练习。

硫酸纸是非常好用的一种纸。实践证明，马克笔在硫酸纸上的效果相当不错，其优点是有合理的半透明度，也可吸收一定的颜色，可以多次叠加来达到满意的效果。但对初学者来说，因为需要使用经验才能较好地驾驭，因此一般不建议使用。

另外，进行手绘时应该配备橡皮、白色修正液、白色彩铅、小刀片等工具。白色修正液对表现物体的高光或者肌理能做出巨大的贡献；白色彩铅对于一些暖色的"火气"能降低不少，尤其在改善沉闷木色地板的微微光泽方面表现十分到位；小刀片的"刮"，在重色物体的高光表现上也是一种表现技巧，用得好也能出神入化、出奇制胜。

2nd

CHAPTER

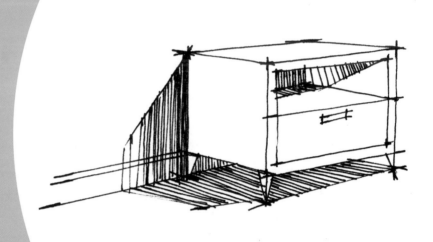

室内设计手绘
表现的基本要素

一、线条

在室内手绘表现作品中，线条要素极其重要。以画喻人，线为"骨"，关系到画面整体的格局和精神面貌。俗语"字无百日功"，是书法中用以鼓励练手持之以恒地摹习，因为下百日之功后的字肯定是有进步的。同理，线条也要坚持不懈地练下去，应达到的标准是：自由随性、准确达意、优美个性。

1.刚劲、挺拔的直线

直线的表现有两种可能，一种是徒手绘制，另一种是利用尺子绘制。

要点："力"（轻重、快慢、情趣）和"准"（形体、结构、尺度）的把握是手绘线条表现的核心。

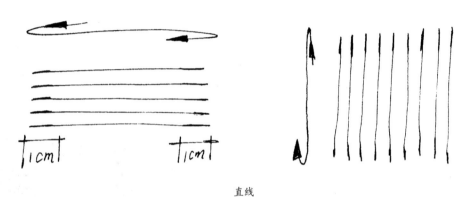

直线

2.松软、纤细的抖线

抖线（草图用线）。好处在于走线时有时间思考，容易控制线的走向和停留位置，例如快速去画一条长直线，因为速度快，不容易把握好走向和长度，导致线斜、出头太多等情况。抖线给人的感觉是自由、休闲的。在建筑学中，抖线被冠以非常唯美的名称：维多利亚颤线。

3.柔中带刚的弧线

在运用弧线时，一定要强调弧线的弹性、张力。画时用笔要果断、肯定、有力，要一气呵成，中间尽量故意"断气"[②]。

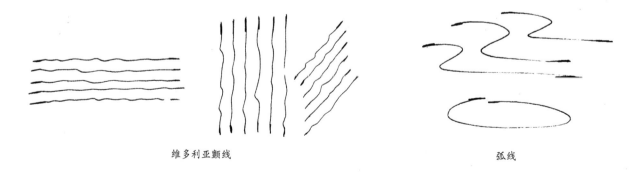

维多利亚颤线   弧线

---

② 艺术的审美法则之一是统一中有变化。一成不变的线给人单调、乏味和紧绷感；有意识地"断"或"停顿"，是笔断意不断，予人的视觉以变化、舒畅、透气之感。

4.自由的曲线

自由的曲线在表现很多材质时可以起到很大作用，绘制时要放松，可以适当断开。中国美学一直强调"笔断而意连"，断开之处予人以轻松、透气之感。

自由曲线

5.线条的组合

线条组合在一起，个仅可以表现明暗变化，还能表达不同的情感和态度，亦能表现材质的肌理。

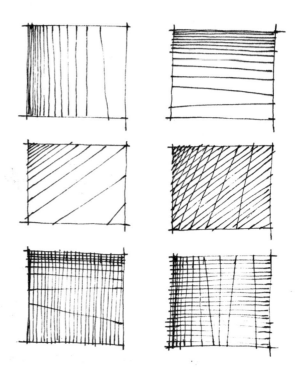

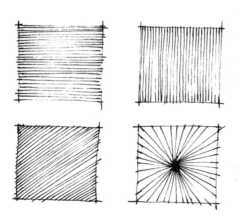

线条组合表达情绪

线条组合表现肌理

二、明暗

1.明暗关系要点

明暗现象的产生，是光线作用于物体的结果。对手绘表现的明暗关系要理解并掌握以下两点：

第一，空间及物体造型的明暗关系。物体的高、宽、深，以及三度空间的结构、块面、透视为空间及物体造型的基本要点，如果同时描绘出块面变化的明暗色调关系，能更充分地表现出它的立体空间。

第二，黑白灰关系。既有对单个物体黑白灰关系的表达处理，也有画面上众多物体黑白灰整体关系的安排与配置处理。就一幅明暗造型的作品而言，画面中整体的黑、白、灰关系的艺术处理也是极为重要的。单个物体的造型，其明暗要与整个画面大的黑白灰关系适配，不能为了单个物体的明暗而丢失画面的主次，造成喧宾夺主，而这一点恰是大多数初学者作品的常见问题。一言以蔽之，关于黑白灰明暗关系的处理，不仅要将这三个要素具体运用于某一物体的明暗造型中，也要综合考虑画面整体的黑白灰调子关系。

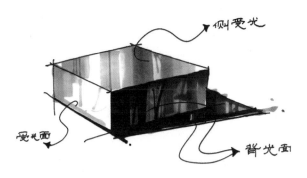

物体明暗关系（白——受光面，灰——侧受光面，黑——背光面及投影）

2.明暗关系示例

室内的明暗造型对象主要是家具和陈设品。在线造型阶段，要处理好物体结构和阴影关系，以便后面马克笔上色。当对象形态画好后，不建议用线条在侧受光面排线，重点要放在阴影处的明暗黑白表现。一般有纵向、横向、斜向三种线条组织方向。

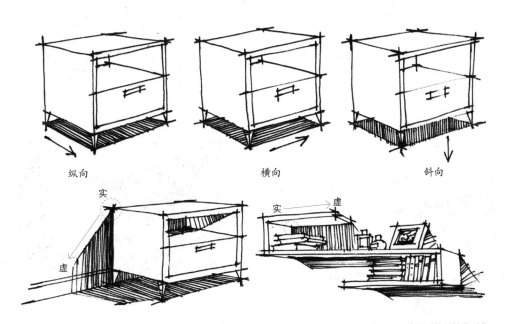

纵向   横向   斜向

物体和墙体结合时，确定物体大明暗关系，阴影要注意由实到虚的变化。室内手绘作品中明暗关系的关键是对物体阴影部分的处理，通常以朝主透视方向排线的方式为宜

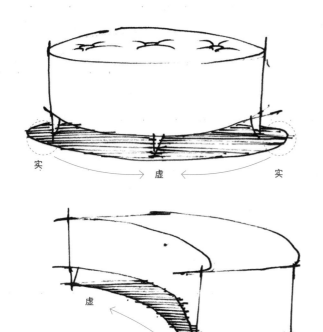

实 ← 虚 → 实

虚

实

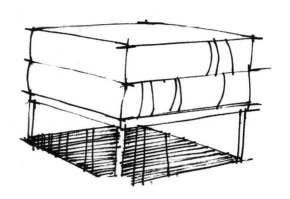

　　好的阴影表现能突出物体的结构、空间、细节。排线表现阴影时，黑（背光面）白（受光面）关系准确分开就好，不能像画素描一样排满；灰面可以不处理，待马克笔涂色时，灰色调自然会有，切忌又是线条、又加颜色，导致画蛇添足，弄巧成拙。

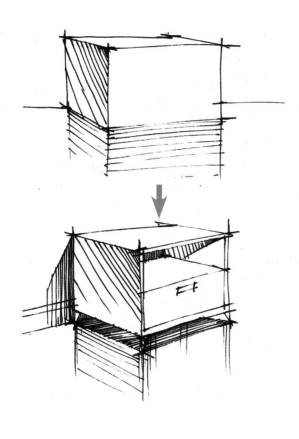

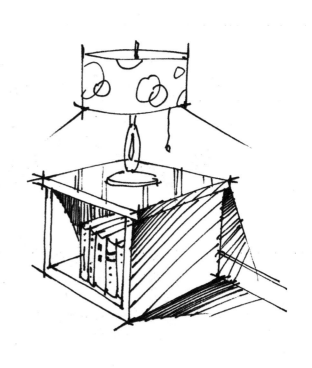

三、色彩

色彩是绘画作品最先吸引读者的要素，宛如一个人的衣装，决定了人物形象的整体气质和性情。一幅手绘的色彩表现好坏决定作品的色调、性格、态度、意境等表达得成功与否。色彩在室内设计中是创造视觉效果、调整气氛和心境表达的重要手段，一方面能满足生活功能的需要，另一方面又能满足人的视觉和情感的需要。 如家庭中小物件的颜色，可根据性格、爱好、环境的需要加以处理，起到画龙点睛的作用。

1. 色彩三要素

色彩的物理属性，如色相、明度和纯度，人眼看到的任一彩色光都是这三个要素综合的效果。

（1）色相

色相表示色的特质，指明了一种颜色在色谱中的位置。因此，一般说来，色相只是纯粹表示色彩相貌的差异。

色彩和明度

微信扫一扫，
快速掌握用色要点

色相之间有对比与协调关系。色相环中，在120°与180°之间的是对比色；60°以内的是同类色，彼此较为协调。画面中要避免过多使用对比色，否则会使画面显得刺眼，不协调。

（2）明度

明度是指色彩的明亮程度。在实际的表现过程中要注意，明度高的色彩有向前、扩大的感觉，而明度低的色彩则会给人后退和缩小的感觉。因此，手绘表现要有效利用色彩的明度来体现空间的形态和比例，在设计方案中会起到很好的效果。

（3）纯度

纯度是指色彩的纯净程度，也称饱和度、彩度、鲜艳度。纯度高的色彩有扩张感，而纯度低的色彩则有缩小感。

2. 色彩的冷暖

色彩的冷暖感觉是人们在长期生活实践中由于联想而形成的。红、橙、黄等色常使人联想起东方旭日和燃烧的火焰，因此有温暖的感觉，故称之为暖色；蓝色常使人联想起高空的蓝天、阴影处的

冷暖对比

冰雪，因此有寒冷的感觉，故称之为冷色；绿、紫等色给人的感觉是不冷不暖，故称之为中性色。当然，色彩的冷暖是相对的，在同类色彩中，含暖意成分多的较暖，反之则较冷（比如，黄色整体给人暖色感，但橘黄和柠檬黄比，前者偏暖，而后者偏冷）。

色彩的冷暖是互为依存的两个方面，相互联系，互为衬托。一般而言，暖色光使物体受光部分的色彩变暖，背光部分色彩则相对呈现冷的倾向；冷色光下的情况则正相反。

在室内设计中，一般情况是朝阳的房间多使用冷色调或中间色调，而背阳的房间多采用暖色调。

在室内设计手绘中，色彩冷暖的运用要根据室内空间的功能来确定，并要求与整体画面相协调。

3. 色调

色调指的是一幅画面中色彩的总体倾向，是大的色彩效果。在一幅绘画作品中虽然会用多种颜

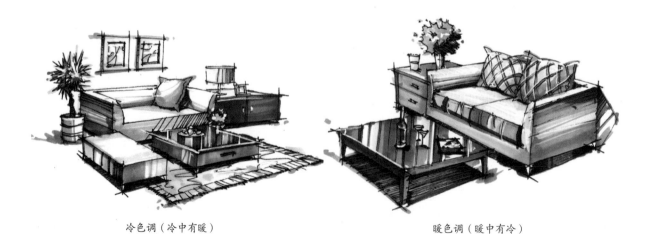

冷色调（冷中有暖）　　　　　　　　　　　　　　暖色调（暖中有冷）

暖色调的作品不代表画面里没有冷色，冷色调的玻璃器皿和一小盆绿植不仅能降低画面的"火气"，还能恰到好处地衬托色调的暖性；反之亦然

色，但首先应该考虑画面总体的色彩倾向，是偏蓝还是偏红，是偏暖还是偏冷，这种倾向就是一幅画的色调。画面色调的确定要把握一点：对比与协调。没有色彩的对比，画面会呆板，缺少活力；但对比过头，缺乏协调，画面则会陷入杂乱无章的境地。因此，要把握好这一点，就要注意画面色彩的主从关系，使某一类颜色占据画面的主要地位，另一类颜色作为辅助，占据次要地位。

四、透视

透视学，即在平面上再现空间感、立体感的方法及相关的科学。通常，绘画透视是采取透过一块透明的平面去看景物，再将所见景物准确描画在这块平面上，即成该景物的透视图。

在手绘表现时，要注意透视原理的三个原则：近大远小，近实远虚，近深远浅。

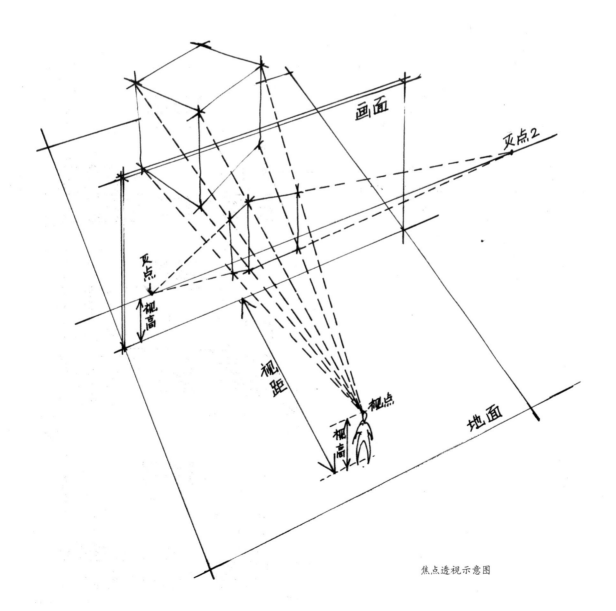

焦点透视示意图

1.平行透视（一点透视）

当能看到物体的正面，而且这个面与我们的视角平行，就叫平行透视。

平行透视有一个消失点，因为近大远小而产生了纵深感。正六面体在平行透视的角度时最少可见一个面，最多可见三个面。正六面体作图的线段有四条水平边线、四条垂直边线和四条作为消失线的边线，这三组边线的透视方向分别是：四条水平边线与画面平行，不消失；四条垂直边线与画面垂直；四条消失线的边线向主点消失，消失点在视平线上。凡是物体居于视平线上方的任何一点，都比人眼的位置要高，其消失线向下消失于灭点；反之，低于人眼的位置，其边线向上消失于灭点。

平行透视的视平线不宜过高或过低，一般以人眼至地面的距离为1.5m为宜。（按照目前普通房屋的层高一般在3.3m左右，视平线通常定在中部往下的部位）因视平线过高或过低而造成的画面特殊性，有时也会被绘者采用。过高时，地面物体会被强调；过低，则顶面形态会被强调。

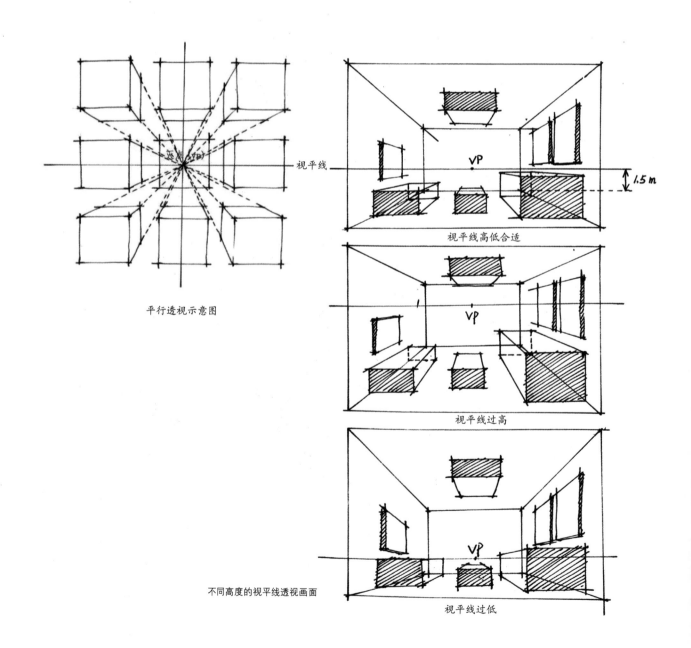

平行透视示意图

视平线高低合适

视平线过高

不同高度的视平线透视画面

视平线过低

2.成角透视（两点透视）

成角透视就是景物纵深与视中线呈现一定角度的透视，景物的纵深因为与视中线不平行而向灭点两侧的余点消失。成角透视的两个面分别向两边的消失点（余点）延伸。在构图时，最远处的墙角线占画面高度的三分之一左右为宜，从而使画面构图均衡，恰当安排陪衬物体，强化主体物，以使画面有稳定的形式美。

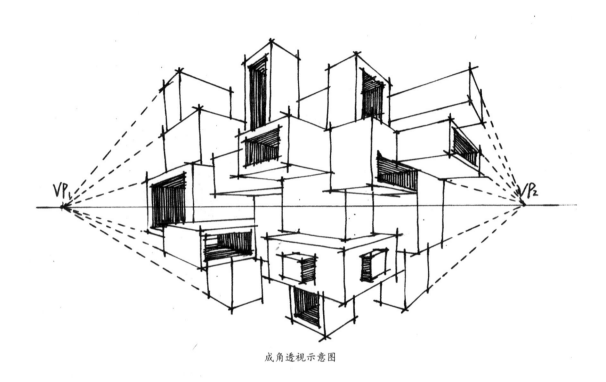

成角透视示意图

墙角线占 1/3

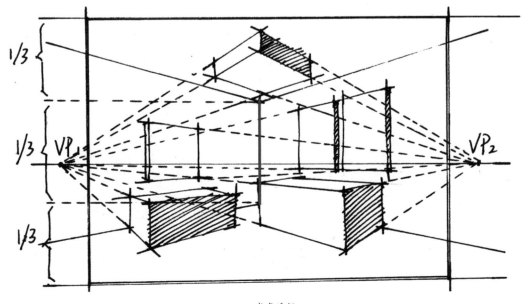

成角透视

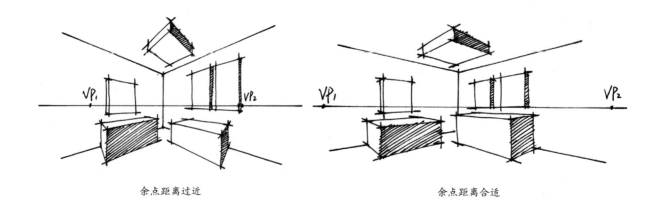

余点距离过近   余点距离合适

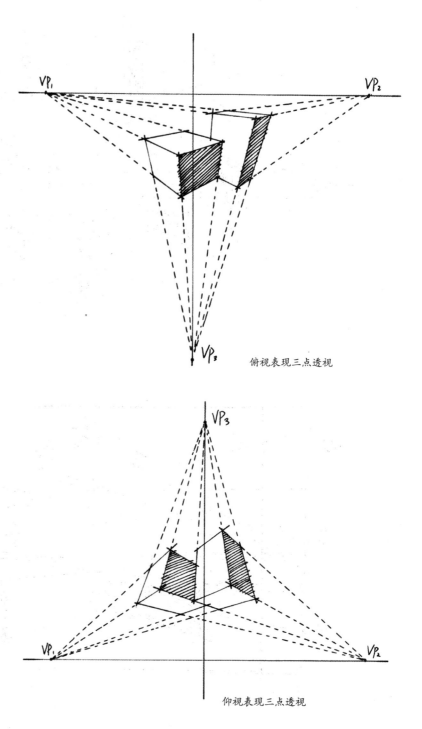

俯视表现三点透视

仰视表现三点透视

3.三点透视

三点透视，表现为俯瞰图或仰视图，一般用于超高层建筑，室内表现较少用到该透视。三点透视中，第三个消失点必须与画面的视平线保持垂直，使其与视角的二等分线保持一致。根据站点的高低，高度线或消失于天空中的天点，或消失于地面中的地点，而另外两组深度线则延长消失于视平线上的两个余点。余点的距离远近是与视点相关的，当余点彼此越近的时候，前后物体或者物体的前后透视变化越大；当余点彼此越远的时候，前后的物体或者是物体前后的透视变化就会越小。将余点的远近距离予以确定，可以增强画面当中物体空间的效果，就能够准确地将物体形状在空间的位置画出来。

3rd
CHAPTER

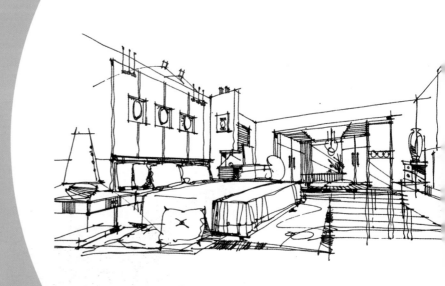

手绘表现要点

一、构图原则

构图是绘画艺术技巧的一个部分，也是创作过程中的一个环节，更是将作品各个部分组合成一个整体的一种形式。构图的形态要服从作品内容和作者内心的感受，并根据形式美的法则来决定。构图的概念和法则，与审美意识、艺术观念、理论和风格密切相关。掌握构图的原理和规律，可以帮助艺术家和设计师们对生活现象进行选择，对素材进行处理加工，以达到形式上的完美，增强艺术感染力。有不少画面"△""C""S"形构图理论的说法，的确是有一定道理的，但笔者认为，形式美法只有与绘者自身的审美体悟和画面主旨相结合才是正道。机械地套用构图规律来构图，那是难以创作出具有生命力的艺术作品的。

1.均衡与对称

均衡也称平衡，不是指物理力学上的概念，而是指视觉上看到的、在心里达到的一种力量的平衡状态。均衡体现的是动态的构成感。

对称指以一条线为中轴，线的上下呈左右均等分布，互相是等量关系，最容易得到统一，具有良好的稳定感，给人以安静、稳定、庄重的心理感受。

均衡

构图居中，呈现为一点透视，呈现协调平衡的画面效果

对称

此图以屏风为中心，左右对称，使画面整体均衡对称。画面构图平衡始终是基本要求，无论是均衡还是对称，都是为了让画面平衡、稳定

2.主次和虚实

在手绘作品表现中，并非要对所有对象进行面面俱到的刻画，而是要明确画面的主次。主要视表现对象而定，主要对象要细致地表现；而次要对象，如背景等，则要虚，对主要对象起陪衬作用。

对刻画的深入程度的控制与把握会影响画面的虚实对比，也会诱发受众的思考。

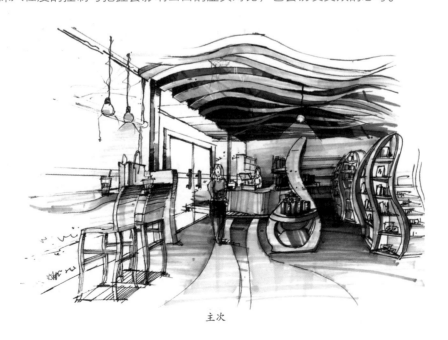

主次

此图将笔墨重点置于画面右边，形与色均对比强烈，是画面的视觉中心，而左边画面则惜墨如金。画面主次分明，疏密有致

3.统一和变化

统一是强调各物体之间的共性及它们与整体之间的联系。

变化则是要强调各物体之间的差异,体现它们各自的个性化特征。在室内手绘中,丰富的材质、色彩和线条形态可以丰富作品的形式,但必须达到高度的统一,为一个主题服务,才能形成一个有机、完整的空间。

统一和变化

左侧运用规则的线面结合方法进行概括,呈现整体统一的视觉效果,与右侧略显奔放的线条产生对比;黄绿色系左右对照,但形态有立有破,呈现画面左右统一和变化的丰富视觉效果

4. 强化与削弱

强化就是将画面主要部分的对比特征更加明显、明确地表现出来,使效果更加强烈。削弱是对次要部分的弱化处理,不喧宾夺主,通过削弱次要部分而使主要部分得以强调,目的是使画面的主要方面起到主要作用,确立画面的基调。

强化与削弱

通过强化空间背景色块，突出线条的干练和颜色的简洁；展示主体，削弱其他前景元素，使画面呈现主次分明的舞台视觉效果

二、笔墨技巧

古往今来，中国绘画一直强调的就是笔墨关系，笔墨到位方能使画作有骨有肉。其实，在室内设计手绘作品中，也存在着笔墨关系。"笔"指的就是如何用笔，表现为线条的样式、粗细、速度、力量、虚实等；"墨"指的是用色，表现为色调关系以及画面的黑白灰关系。古云"笔骨墨肉"，可见笔与墨必须互相合作才能起作用，在画面上没有纯粹的无墨之笔，也没有纯粹的无笔之墨。强调笔为主导，墨随笔出，相互依赖，完美地描绘物象，表达意境，以取得形神兼备的艺术效果。

以下重点探讨线稿绘制（笔）和马克笔颜色（墨）结合的要点。

1.用笔技巧——线条

作画如立人，线即为人的体格。线的样式决定了画作的格局、气度，乃至作品的风格走向。

用笔表现线条，要想达到娴熟的状态，除了不停地练习，别无他法。开始练习时不要过分追求线条速度与力度，要做到握笔重、触纸轻，用线有始有终，结构、透视要交代清楚。强调面时，可排线，但忌线条交叉。

严谨细腻的线条

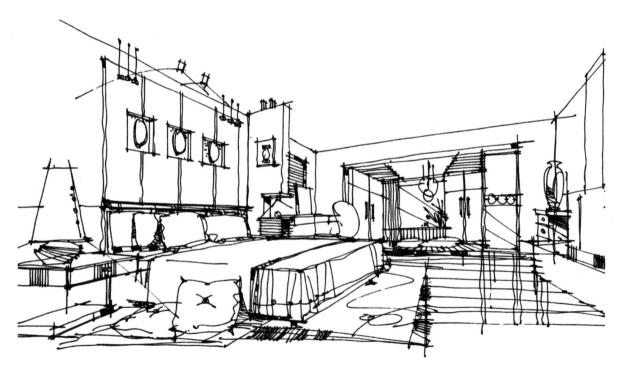

率性活泼的线条

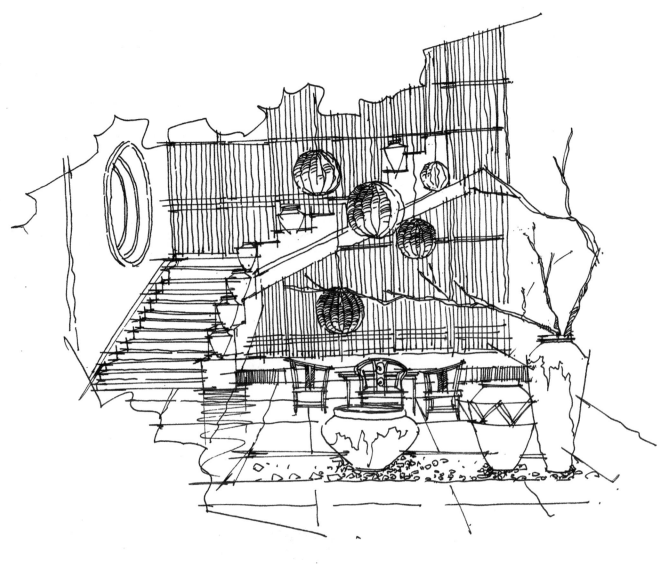

恣意自由的线条

2.用墨技巧——色彩

这里的墨主要指的是马克笔的颜色及彩色铅笔的调整痕迹。马克笔作为手绘表现的主要工具,将直接影响画面的调性、气质、审美等,它的特点及习性要通过练习才能熟练掌握。

对马克笔的特点主要把握好两大点:

首先,了解马克笔的同色系叠加和异色系叠加的不同效果。

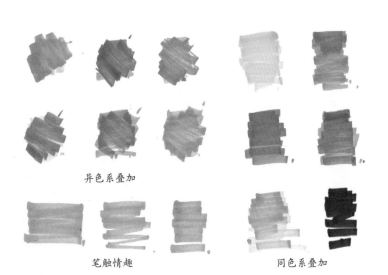

异色系叠加

笔触情趣　　　　　　　　同色系叠加

马克笔色性的试验

很多马克笔的颜色忌重叠，如补色之间重叠，很容易导致画面脏、乱，不好修改。要多临摹、多练习，才能掌握哪些颜色叠加到一起能产生好的效果，而哪些则会使画面显得脏、污。总结了经验，下次画相同的场景时，运用起来就会驾轻就熟，事半功倍。

其次，把握马克笔上色的先后顺序及原则，以便准确地营造和控制好画面整体色调。

马克笔上色的一个基本原则是由大入小、由浅入深，一开始不能抠细节，否则修改起来将变得困难。在作画过程中要时刻把整体放在第一位，心平气和地按程序来，不要对局部过度关注而忽略了整体。"不敢画"和"过犹不及"都不可取。

在上色前对单个物体的形态结构关系、整个画面的明暗关系、整体的色调倾向、冷暖关系，以及画面硬朗和柔软、厚重和透明等，都要做详尽考虑及安排
物体受光面和背光面的结构线、物体自身和物体投影的接触线都是用色的重点，下笔应该干脆肯定，不能含糊其辞，如此，画面才会显得硬朗、潇洒

三、材质表现

材质表现一直是马克笔表现的重点和难点。材质的准确表现取决于马克笔笔触的准确运用，在一些关键点也可结合彩铅及白色修正液来进行强调或调整。如：物体局部的色彩变化，可结合运用彩铅，使画面细致而富于变化；白色修正液则在水纹、玻璃、金属等高光处加以点缀运用即可。

1.善用马克笔笔触

马克笔下笔力求准确、肯定，不拖泥带水，干净而纯粹的笔法符合马克笔的特点。对色彩的特性、运笔方向、运笔长短等在下笔前都要考虑清楚，避免犹豫，要下笔流畅、一气呵成，忌笔调琐碎、迁回。

2.巧绘物品材质

（1）木质表现

木材在木质配件、家具和室内装饰中，广泛使用。

不同的木材，其质感也不一样：

原木——反光弱，纹理多；

刨光的木材——反光强，固有色较多，有倒影，具有美观与自然的色彩与纹理。

在表现木材质感时，对纹理与质地的表现优先于对光影与明暗的表现。

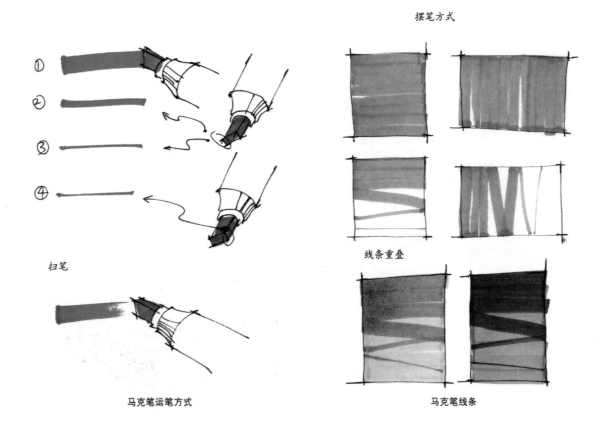

马克笔运笔方式　　　　　马克笔线条

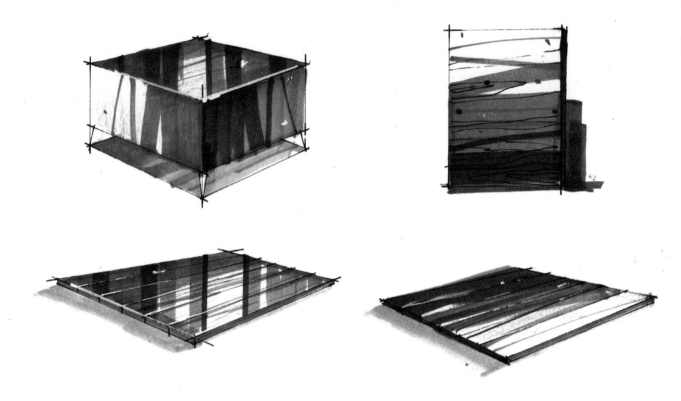

柚木色是马克笔木色代表色，多呈棕栗色。其木纹呈波浪曲卷状；有的如虎纹，色泽鲜明

（2）玻璃表现

玻璃一般单纯、透明、硬朗，会受环境色影响。建议用蓝色同色系3～4支多加尝试，注意运笔的速度和不同笔触的结合。

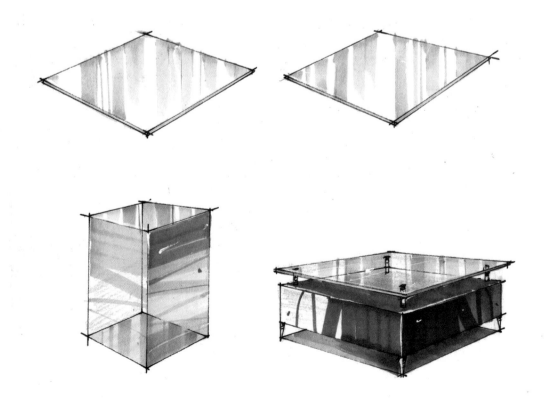

（3）皮质表现

皮质材料表面光滑无反射，质感介于玻璃和木材之间，没有玻璃那么光亮，与木材相比又有光泽，明暗过渡比较缓慢，涂色时要自然均匀。

（4）不锈钢表现

不锈钢的材质表面有多种形式，在实际生活中，常见的有亮面和拉丝面。画不锈钢表面类似于画不同形状的镜面反射，可以用"点绘"或"线绘"的手法来表现高光及投影，要以简练的色彩和有力的笔触、强烈的对比和明暗的差异来表现不锈钢的金属特性，即：暗部更暗，亮部更亮，以便更好地体现不锈钢的光泽和质感。

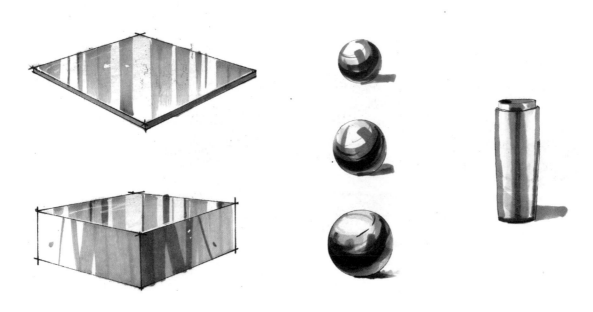

（5）水体表现

水的特性是流动、透明(指清澈无污染的水)，给人一种平静、深远的感觉。注意表现物体在水面的投影， 以及逆光时水面的高光。

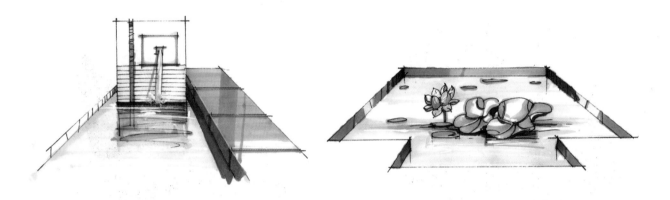

（6）织物表现

织物一般常见于室内地毯、沙发、抱枕，以及窗帘和壁挂织物，它们的特点是质软、厚重，偏毛绒感。

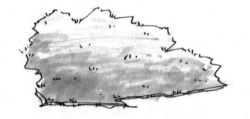

地毯类织物表现要点：面向观者的地毯厚度是表现重点，注意笔触厚度，这里最能体现材质感。与地面的投影要有轻有重，似断非断，绝不能一根线到底，以免画面显得僵硬、呆板

4th
CHAPTER

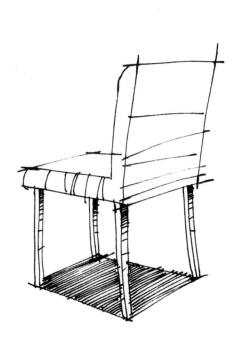

室内陈设表现

一、陈设线稿

　　陈设表现无关大小，空间类似于一个六个界面围合起来的盒子。在当下轻装修、重装饰的趋势下，室内陈设成了室内设计及手绘表现的主要对象。室内陈设不仅是充实空间的物件，也是设计师设计表达空间风格与气质的符号和工具。

　　室内陈设有完整的造型和不同的质感，在绘制时要仔细观察，并对形体进行分析，掌握形体的结构关系，抓住形体的主要特征，准确而形象地将形体表现出来。绘制时尽量不要使用太多的辅助工具，要着重训练眼和手的协调配合能力，锻炼敏锐的观察能力和熟练的手绘技巧。最好将每个单体陈设反复画上几遍，甚至几十遍，从而找出其中的规律。

1. 单体家具线稿画法

　　绘制单体家具首先要彻底掌握对象的结构和透视，多看、多思、多动手，因其体量不大且易把握，应该随时练习。经常做沙发、茶几、椅子、橱柜、床单、洁具、家用电器、灯具、植物等小品的线稿练习。

　　在用铅笔准确把握构造、表达形体的基础上，完成钢笔线稿的绘制，尽量做到虽简笔绘画而却能既见物（形态）又见质（材质肌理）。

　　（1）椅子的画法

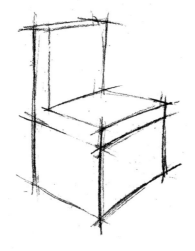

步骤一：确定透视形态，透视应该遵循近大远小、近实远虚的原则，确定空间的灭点，透视的准确与否能够直接影响画面的整体布局

步骤二：画出对象线稿，明确画线稿的目的，将线条分别按粗细、疏密、多少运用于其中，不同物体的材质，将物体的特征表达充分

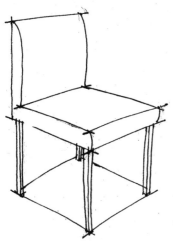

步骤三：深入结构形态，结构较为复杂的物体，应树立叠加透视的思维意识，将物体进行分块，由简到繁，能够让物体结构更为准确

步骤四：添加质感和阴影，根据物品、光源，还有结构上的不同，选择合适的表达方法。通过对质感的表达（笔触的排列）和光影的呈现，将物体表现充分

（2）单体沙发的画法

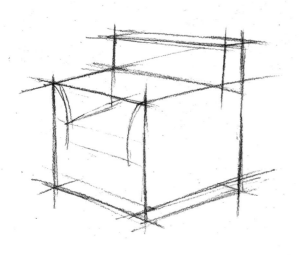

步骤一：用铅笔确定透视角度后，勾画出大的轮廓，表现出转折关系

步骤二：擦去多余线条后，用绘图笔勾画轮廓

步骤三：添加细节特征和沙发投影。注意沙发投影排线的疏密关系，以体现虚实处理

（3）茶几的画法

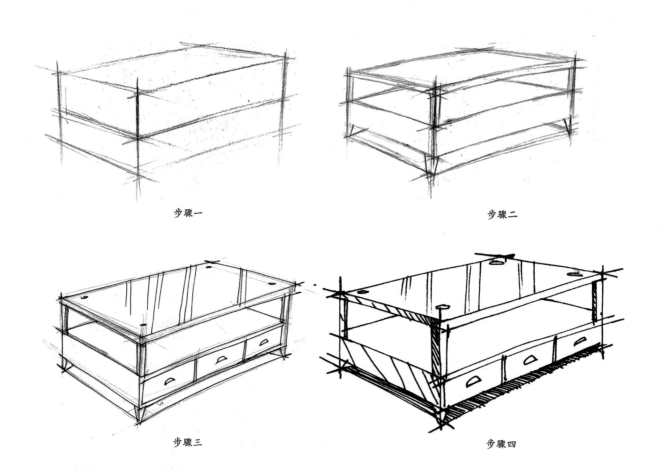

步骤一　　　　　　　　　　　　　　　步骤二

步骤三　　　　　　　　　　　　　　　步骤四

阴影的线条排列也要考虑到变化和透气，尽量做到在一定速度和力度的前提下，
每根线条有完整肯定的起笔和收笔，要有始有终，线条忌飘、忌不肯定

（4）床的画法

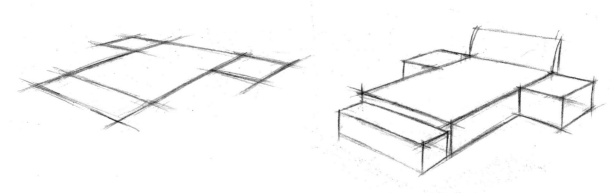

步骤一：抓基本透视形态，画出平面　　　　　　　步骤二：考究尺度，完成结构样式

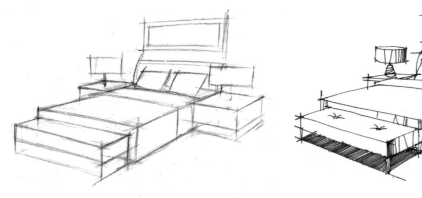

步骤三：丰富内容，深入特征形态　　　　　　　　步骤四：添加阴影部分的分量，完成钢笔线条造型

步骤五：区别材质，画面细节处理

2.不同样式的单体家具线稿范例

进行单体家具的造型训练时，在抓住对象的轮廓线、结构线的基础上，多训练手头感觉，以熟练控制运笔的速度、线条的走向及粗线变化等为训练的核心目的。

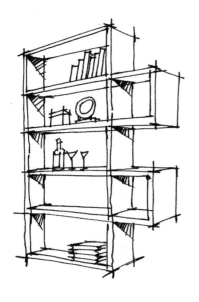

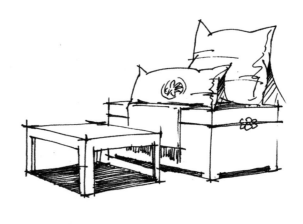

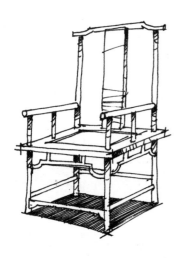

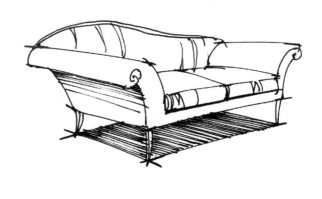

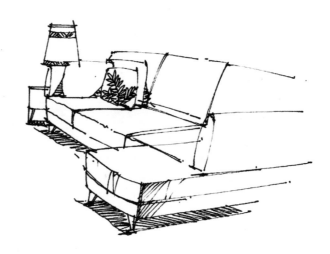

3.组合家具的线稿画法

　　室内家具组合体块透视关系、物体与物体之间穿插遮掩关系、组合的虚实关系处理及构图的把握，是组合对象的表现难点。关键是要对其有充分的理解，首先是对结构形态的理解，其次是对外在形态了解，做到心中有数，才能准确绘制。

　　室内环境透视图绘制的主要对象是家具，内容多，尺度大，如不能够很好地把握各类家具的尺寸及比例关系，所绘制出来的家具不能与空间、人体工程学相吻合，那么就会产生不协调的感受，所以家具的绘制表现技法非常重要，尺度的控制也非常重要。

（1）沙发组合的画法

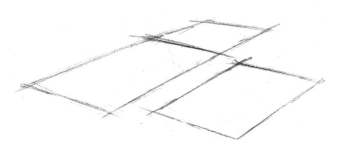

步骤一：确定沙发和茶几的透视角度以及彼此的比例关系

步骤二：向上引垂直线，画出物体的大致形态以及透视的关系

步骤三：画出物体的轮廓线，表现出形态的转折变化

步骤四：用绘图笔强调轮廓线和物体的细节，在铅笔稿的基础上有所取舍，而不是照原样描摹，最后添加投影

步骤五：增加细节特征，如镜面反射，沙发褶皱，并添加装饰物以营造氛围

（2）床组合的画法

步骤一：用铅笔勾出床组合的平面透视形态

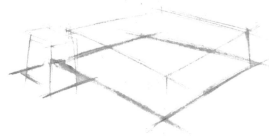

步骤二：向上引直线，以确立床组合的高度

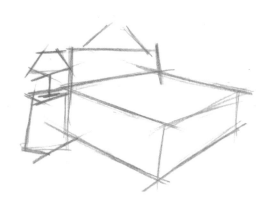

步骤三：勾出床组合的大致形状

步骤四：用绘图笔勾出床组合的轮廓细节，在此基础上画细节，如床上用品的厚度、软硬质感等

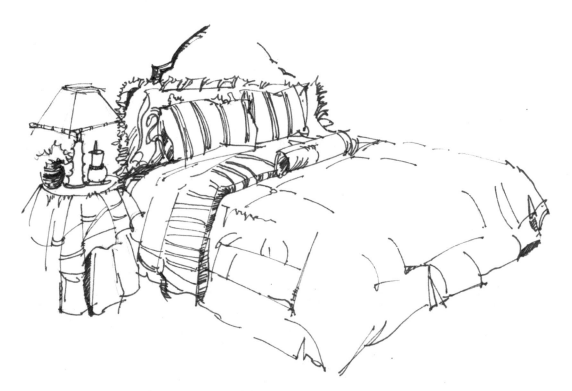

步骤五：继续强化细节特征，表现织物的花纹、褶皱等细节

（3）电脑桌的组合画法

步骤一：用铅笔勾出组合家具的大致形态，以及各件家具相互之间的关系。注意画面的透视，确保物体在同一视平线上

步骤二：用绘图笔勾出整体的轮廓，表现其转折、厚度等特征

步骤三：深入细节处理，添加阴影，体现层次感

4.不同样式的组合家具线稿范例

恰到好处：家具的转折所用线条简单、干净，结构表达
非常清晰，线条的排列恰到好处

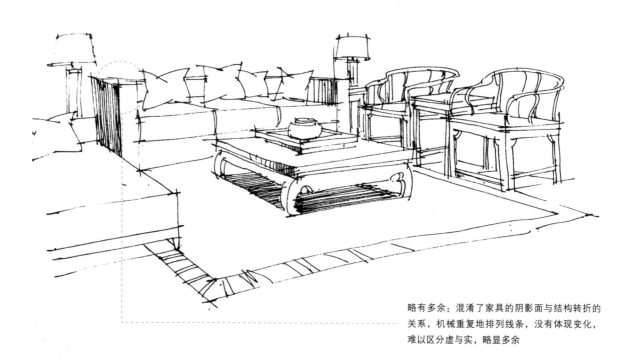

略有多余：混淆了家具的阴影面与结构转折的
关系，机械重复地排列线条，没有体现变化，
难以区分虚与实，略显多余

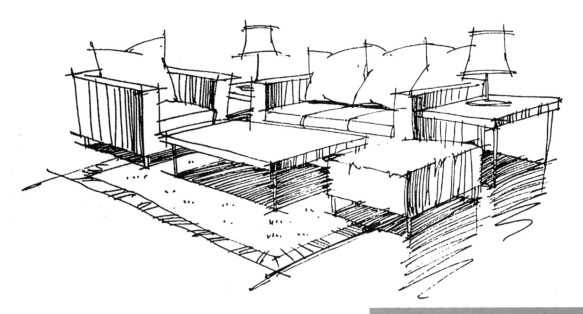

微信扫码看家具组合
线稿手绘过程

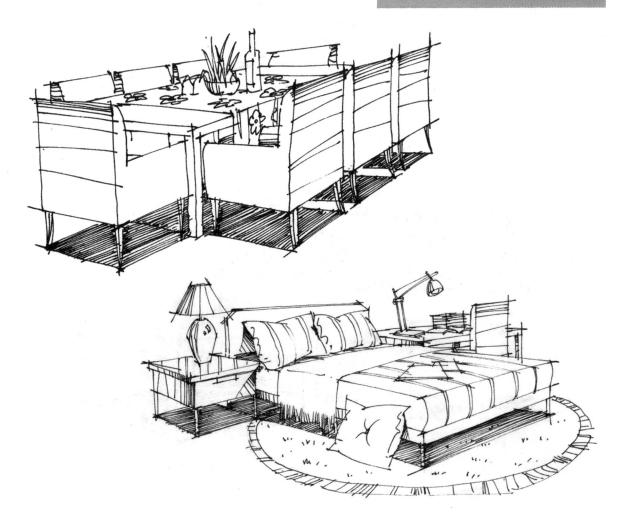

5.配饰物件的画法

　　室内陈设品除了家具之外，大多是灯具、绘画、植物花卉、抱枕等物件。这些东西体量不大，却能对空间气氛起到画龙点睛的作用。熟练掌握配饰物体的画法会使空间整体表现更富情趣，提升品位。

　　（1）抱枕画法

憨、软是抱枕的一大特征，在画的时候注意线条的停顿和连接，
这种故意的表现方式能体现出一种老练的感觉

（2）灯具画法

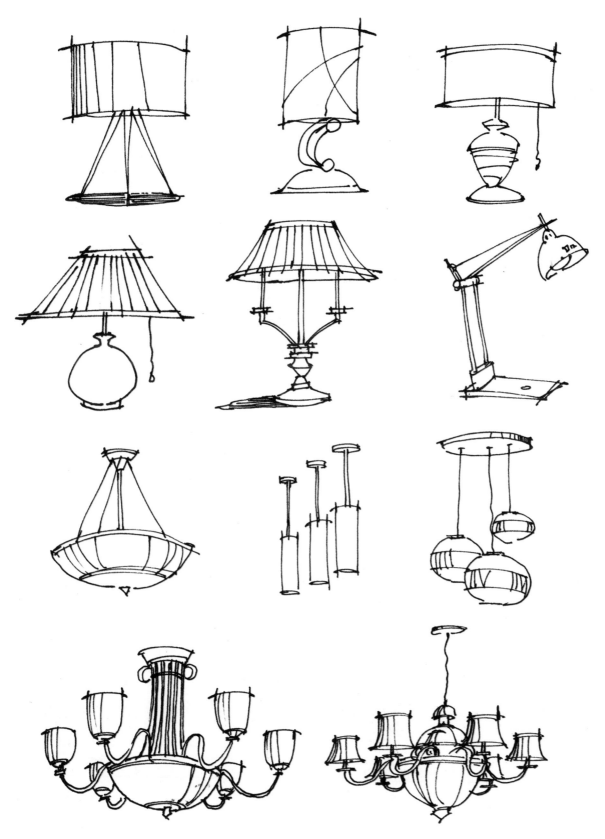

灯具多为金属和玻璃制品，现在也有很亚克力制品。总体而言，硬朗和直接是其
特征，所以线条务必要在准确的基础上体现出果敢、泼辣的特点

（3）绿植画法

想要表现绿植的生气和活力，线条宜挺拔有力。
枝叶如人群，前后要形成呼应关系

（4）装饰挂件画法

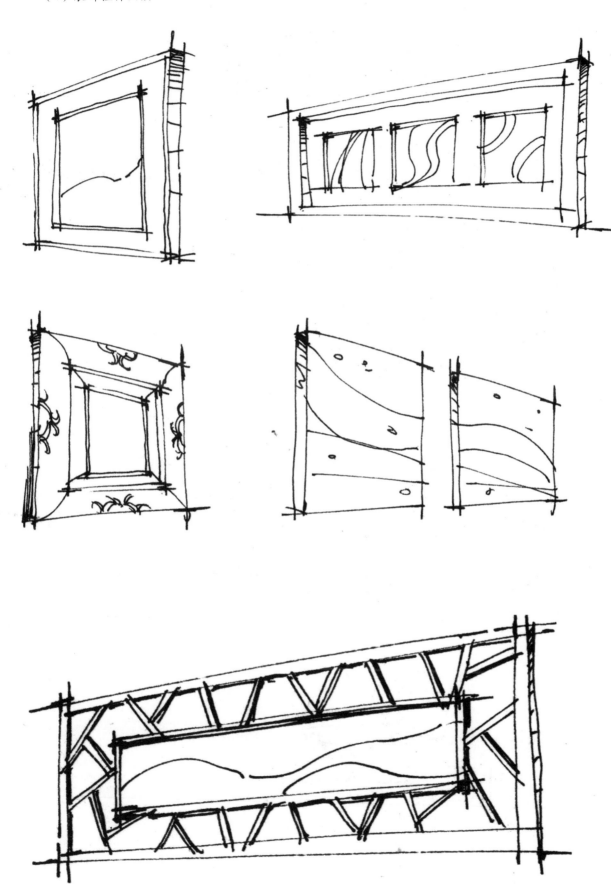

（4）装饰挂件画法

（5）卫浴洁具的画法

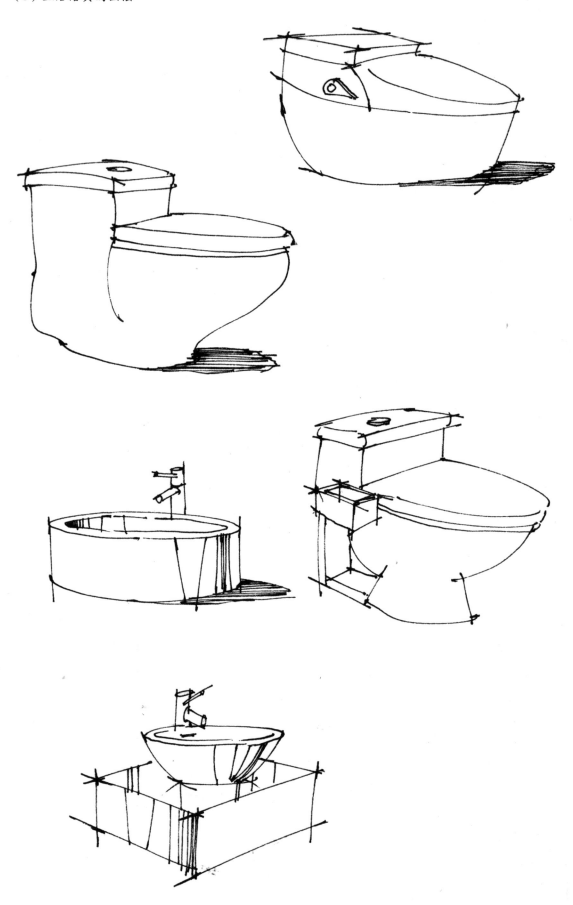

二、 室内陈设着色

在上色过程中一定要注意以下几点：

①建议以马克笔为主，配合使用彩铅。先用彩铅大致定个画面调子，再以马克笔深入刻画，最后用彩铅调整。

②色彩上遵循先浅后深，尤其是背光面，可以先用浅色满铺，再用深色调节，不能"死"色一块。

③用笔注意快慢、粗细、润枯的结合。

④笔触注意深浅、连排、间隔，以及线条与线条之间的交叉运用；方向上，建议与物体的透视方向一致。

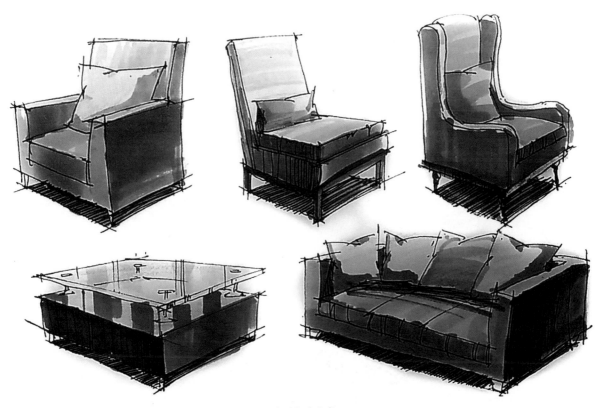

家具组合上色

微信扫码看视频，学会单体陈设的上色

1.单体陈设色稿的画法

（1）植物的着色

步骤一：到位、完整的线稿

步骤二：用黄色画出叶片、枝干及花盆的颜色，
注意区分不同黄色的色号；再画出绿叶的颜色

步骤三：用重绿色画出绿叶的暗部，用
深黄色加深叶片的暗部；用深的冷色刻
画枝干及花盆的暗部，同时，注意区分
明暗交界线的色调

（2）沙发的着色

步骤一：线稿画好

步骤二：用橙色平铺沙发及茶几的颜色，用灰色画出
落地灯的颜色，在暗部叠加笔触，体现明暗

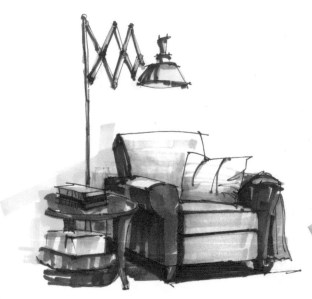

步骤三

步骤四

（3）灯具的着色

步骤一   步骤二

步骤三

2.单体陈设着色范例

（1）家具的着色范例

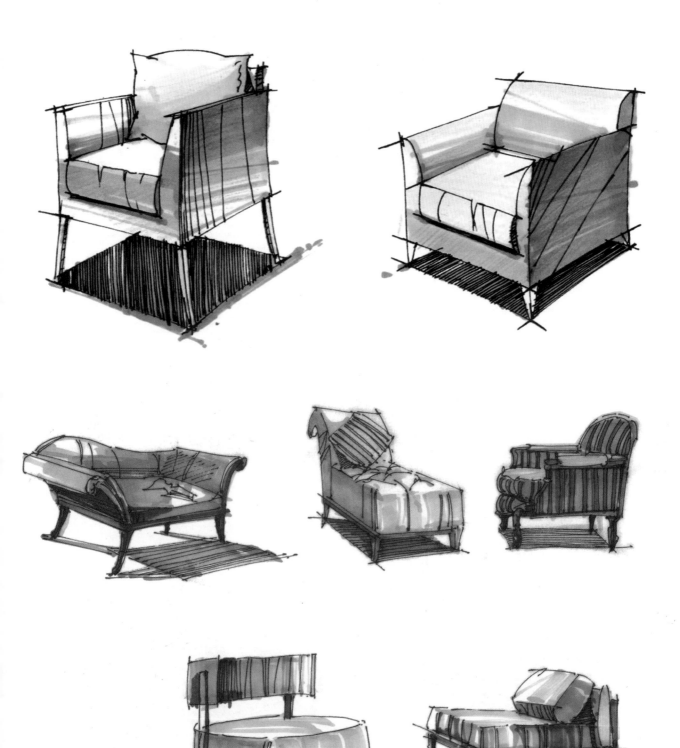

线面结合：通过色彩、笔触、线条的巧妙结合，表达尺寸和质地

笔随形转：笔触随结构的变化而变化，相互熨帖

灰大艳小：以高级灰为主色调，用鲜艳的颜色加以点缀，以示审美情趣

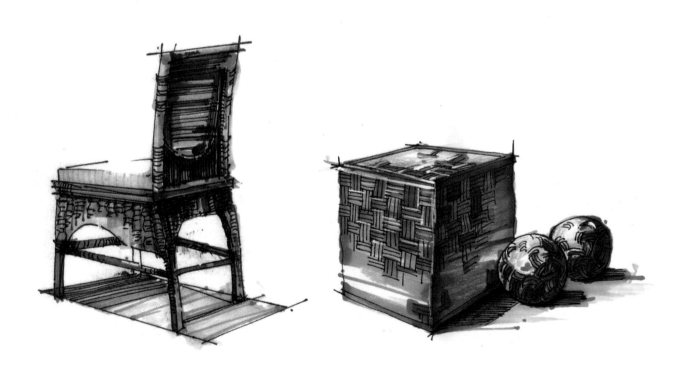

在表现家具明暗关系的同时，还应注意观
察在不同环境或不同角度光线的照射下，
家具上亮面、暗面和投影的色彩变化

对于藤、竹、麻类家具，不要过多刻画其
纹理，要敢于概括和留白，即使是局部的
线条密排，也要确保"透气"

（3）植物的着色范例

根据植物的生长习性，先完成基本的形体刻画，再从亮面开始着色，由浅到深地铺设整体的色彩关系；加强植物的色彩对比，同时对于植物的枝干、叶片进行深入刻画，调整完整的画面效果

植物叶子画法其实有多种，不妨试试层次画法。
一开始不要太在意植物的球形体积，多概括植物
的冷暖层次，待到用三种颜色概括出植物层次后，
体积感自然会出现

在刚开始练习花卉手绘表现时，先从花卉设计的球形形体去分析，从而构思整个作品的结构关系，最后才是细节的刻画。叶子各个方向的状态都要表现完整，花和叶组合的空间关系也需要通过虚实的处理以及留白等技法来表现。同时，各种花瓶器皿材质的表现也需要注意，因为在一个完整的花卉设计手绘作品中，花和器皿是融为一体的

当对于颜色属性和用笔规律已经大体掌握时，多注意表现出花卉的勃勃生机，注意花丛的体积和冷暖关系

（4）灯具的着色范例

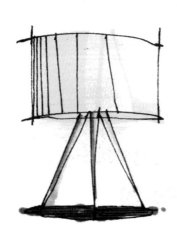

绘制灯具一定要仔细理解其结构和体积，因其为金属和玻璃制品的特质是线条硬朗流畅，由此，表现时要成竹于胸，线条流畅有力，色彩概括准确。切不可因下笔迟疑而使线条软弱无力

（5）卫浴洁具的着色范例

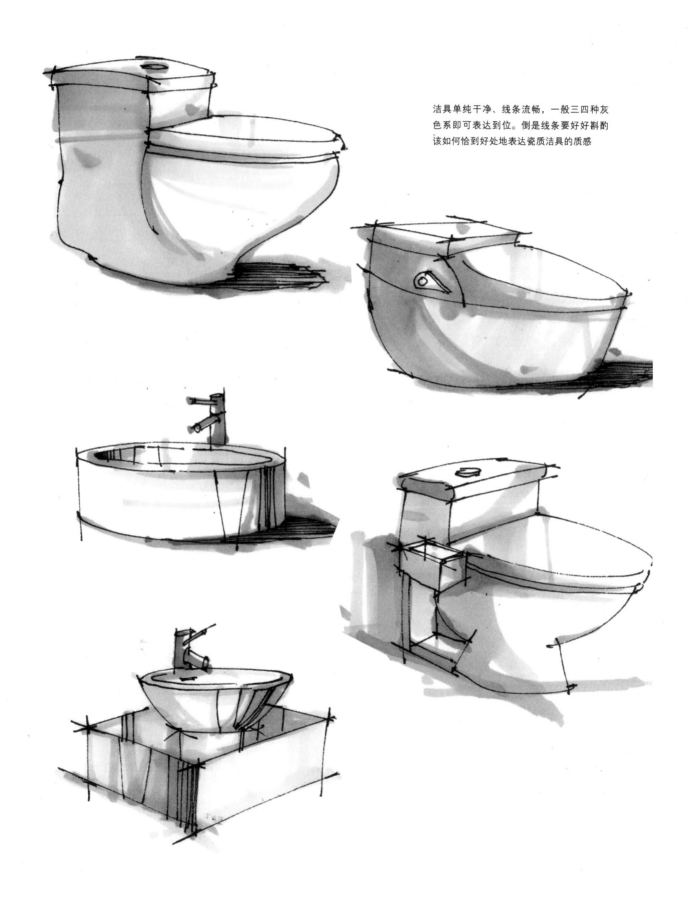

洁具单纯干净、线条流畅，一般三四种灰
色系即可表达到位。倒是线条要好好斟酌
该如何恰到好处地表达瓷质洁具的质感

3. 陈设组合的着色范例

绘制组合物时，要做到心中有主次，手头有轻重。明确哪些地方要肯定、对比强烈，哪些地方要概括在一起、虚化退让。

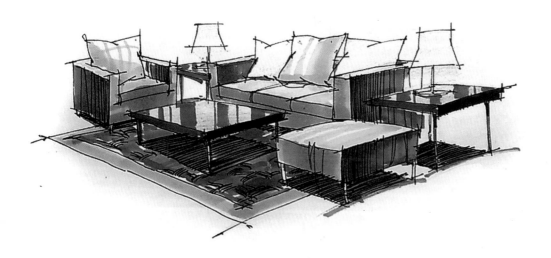

微信扫码
看沙发组合上色过程

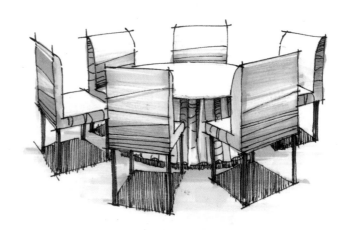

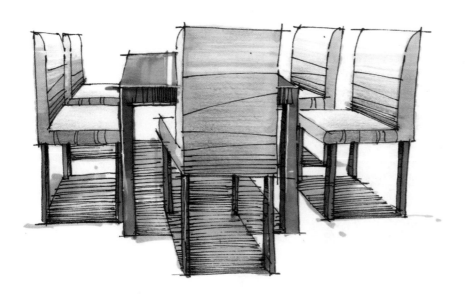

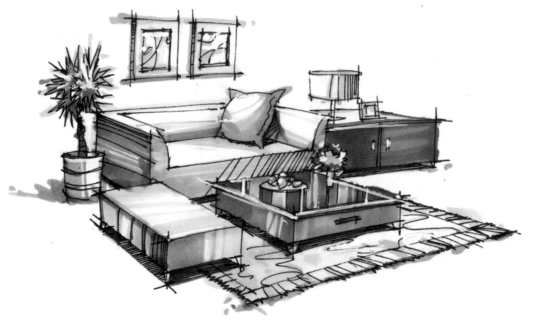

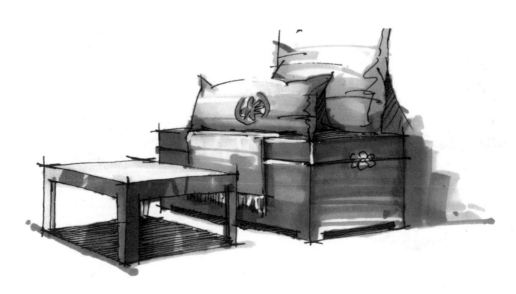

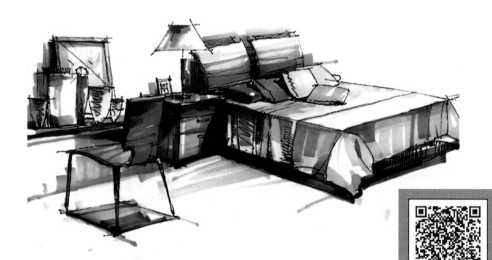

微信扫码
看床组合上色过程

5th

CHAPTER

室内空间表现

一、空间的构成要点

营造画面逼真的空间效果和气氛是设计手绘表现图的要务，这离不开准确的透视、合理的造型和恰当的色彩等要素之间的完美结合。

要想表现出合理的空间关系和优美的空间氛围，需要做到以下几点：

首先是做好立意与构思。设计的立意构思是表现效果的灵魂，画者无论采用何种技法和手段，无论运用哪种绘画形式，画面所塑造的空间、形态、色彩、光影和气氛效果都是围绕设计的立意和构思而进行的。正确把握设计的立意和构思，在画面上尽可能地表达出设计的目的、效果，创造出符合设计本意的最佳情趣，是学习表现图技法的首要着眼点。

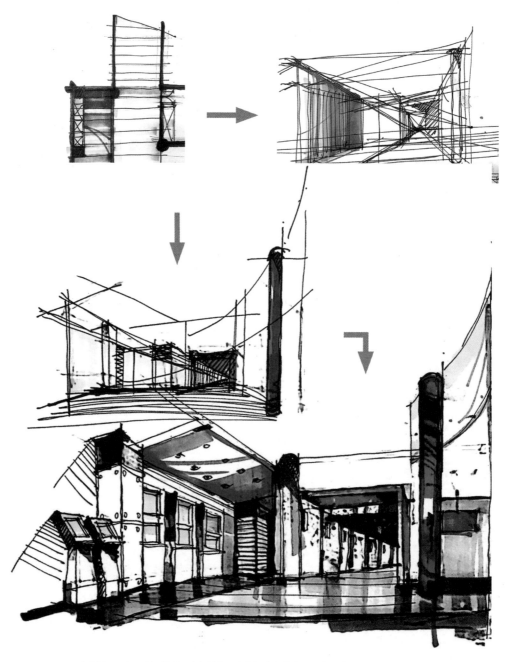

意会平面，构思空间构成，分析结构，安排好空间节奏、气度，绘制出透视，构筑空间

其次是在设计构思成熟后，厘清表达思路，明确表现程序，如表现角度、透视关系、视觉中心、空间形体的前后顺序等。明确需要表现的重点，通常由整体透视关系入手，并以此为参照，绘制空间内形体的透视和比例关系。同时要注意线条的运用应因地制宜，比如：运用不同类型的线条塑造材质各异的形体，并表现其质感。

1.透视与结构

准确的透视是表现图的形体骨骼，好的设计构思是通过良好的画面艺术形象来表达的。违背透视规律的形体，画面就会失真，也就失去了生成美感的基础。因而，必须熟练掌握透视规律，并运用其法则处理好各种形象，使画面的形体结构准确、真实、严谨而稳定。除了对透视法则的熟知与运用之外，还必须学会用结构分析的方法来表现每个形体内在构成关系和各个形体之间的空间联系。

2.质感与光影

通过明暗关系及线条艺术化地处理和绘制，在一定程度上可以模拟表现材料的质地特征，不仅满足设计的真实性需求，同时强化画面的艺术性和耐看度。

光影关系能充分体现室内空间的氛围，在使画面体现出层次感和空间深度的同时，营造出画面的节奏感，呈现室内空间的勃勃生机。

3.空间的序列性

好的室内空间手绘作品，除了本身线条要娴熟老练之外，室内空间序列营造也非常重要。空间序列表现为不同空间彼此间的联系与过渡，也指空间的先后顺序。具体而言，空间序列的表现主要通过以下三点来实现：

①空间的导向性

重复运用同一个或同一类的视觉元素会产生节奏感，同时具有导向性。设计表现时可运用形式美学中各种韵律构图和具有方向性的形象形成空间导向性。如连续的家具、列柱，装修中具有方向性的构成、地面的材质等，以此暗示或引导人们行动的方向和注意力。

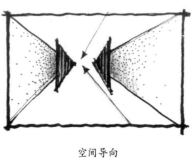

空间导向

② 视觉中心的突出

导向性只是将视线引向重点的引子，最终的目的是导向视觉中心，使人领会到设计的点睛之处及气氛。因此，在整个序列设计过程中，还必须依靠在关键部位设置能够引起人们注意的物体，以吸引人们的视线，引起人们的向往。要学会控制空间距离，而空间距离则指立体几何的三维空间中，点、线、面之间的距离。

视觉中心的突出

③ 空间的形成感

对不同序列阶段，在空间处理上各有不同，既营造不同的空间气氛，但又彼此联系、前后衔接，整体统一。"先抑后扬""迂回曲折" "豁然开朗"等空间处理手法，都能让空间有机地联系起来，并将视线引向重点。一般来说，在重点出现以前，一切空间过渡的形式应该有所区别，但在本质上重点应基本一致重点，应以统一的手法为主。但作为重点前的过渡空间，往往采用对比的手法，先收后放、先抑后扬，以强调和突出重点 。

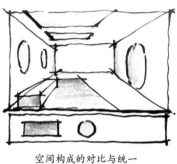

空间构成的对比与统一

上述三张例图只为说明代表性问题，并不指示一张图只有一种表现方式；恰恰相反，室内空间手绘表现是以一种或多种表现方式融合在一起的综合体。设计师作为空间展现的导演，多积累方法并能灵活地使用，作品方能优秀

二、空间线稿表现步骤

透视与构图中，视觉中心点的选择和安排对室内效果图表现优劣与否尤为重要。要将画面最需要表现的部分放在画面中心，对重点的空间位置要进行有意识的夸张和强化，并且要将周围场景尽量绘制齐全，但要注意越远越虚，乃至留白。尽可能选择层次较丰富的视觉角度，若没有特殊要求，要尽量把视点放低一些，一般控制在1.5m左右。

微信扫码
看空间整体线稿
作画过程

1.客厅空间线稿画法

用直线去表现客厅中陈设的外轮廓，对于大而规则的陈设品，应注重表现其特征；对于不规则形的陈设品，则从情趣入手；对于小的陈设品，适于抓住第一印象和感受进行表现。

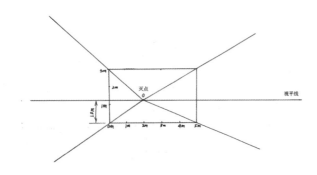

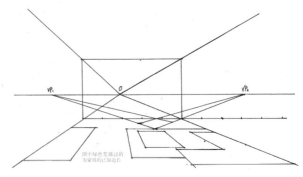

步骤一：应当注意，视平线的高度一般以1.5m为宜，不超过1.5m；一般在基准面的一半以下

先确定空间的基准面，再设定视平线、平行透视的灭点，接着画出透视线，确定比例，注意沙发之间的透视关系、大小比例

步骤二：确定成角透视的左右两个余点 VP_1 与 VP_2（应当注意，若要使画面视角正常，余点应离得远一点）。画出家具在地面的一条平行于视平线的边，根据透视法，求得各自的平面透视图

微信扫一扫，跟着步骤学画简单的陈设透视图

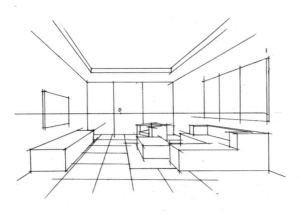

步骤三：向上画垂直线以确定家具的高度，由此求出符合透视规律的家具的几何体块。再按同样方法画出墙面物体，以及天花板造型的透视图

步骤四：表现出室内空间和陈设品的细节

步骤五：表现室内空间及陈设品光影

步骤六：深入描绘，强化重点

2.卧室空间线稿画法

表现卧室空间，一定要了解并力求清楚表达空间的属性，尤其是卧室的舒适性。

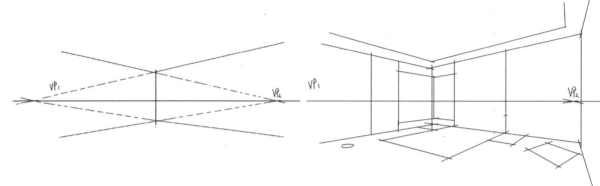

步骤一：交代出视平线及余点，画出透视线，确定真高线

步骤二：画出墙面和地面家具的位置，所有透视线都应消失于灭点
应当注意的是，此图涉及多点透视，有两组不同余点，画的时候应使所有余点都位于同一条视平线上

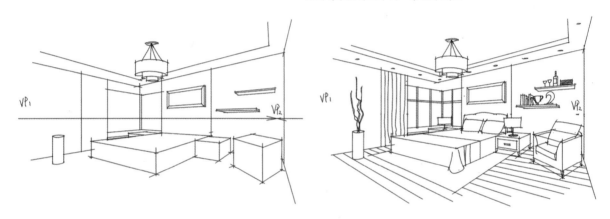

步骤三：向上引出直线，确定家具体块。注意吊灯圆弧的透视

步骤四：画出对象结构转折等细节

步骤五：深入刻画表现陈设的特征、阴影以及织物的质感，营造空间氛围。注意阴影线的排列要符合光影规律

3. 餐厅空间线稿画法

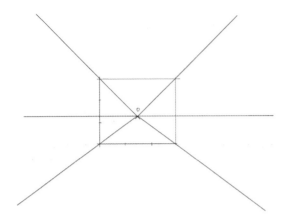

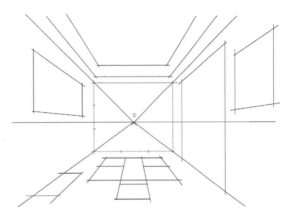

步骤一：画出基准面，交代出视平线及灭点，画出透视线。在一点透视中，灭点一般位于基准面的正中间，随视平线或上或下，但如果其位置过于正中，就会显得比较呆板

步骤二：标出墙面饰品的高度和地面家具的已知长度，根据透视法求出平面透视图

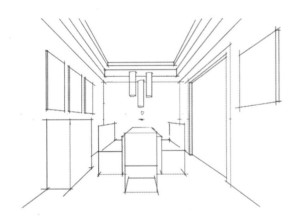

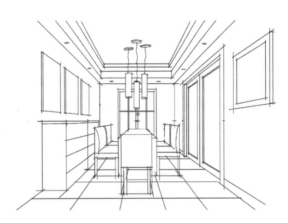

步骤三：向上画直线，确定家具高度，由此画出家具体块

步骤四：遵循透视法则，画出对象细节

一般家居客厅与餐厅联系比较紧密，基本上要注意客厅空间横向上大气简洁、不遮不挡，而餐厅在竖向空间上则应该丰富一些。餐桌上的吊灯能起到丰富空间层次的作用

步骤五：深入刻画重点，营造空间氛围

4. 卫生间空间线稿画法

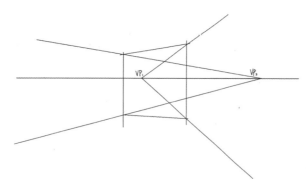

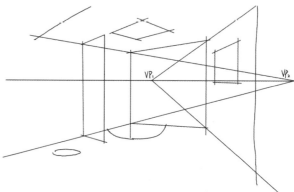

步骤一：画出基准面，交代出视平线及余点，画出透视线。
此处卫生间是一个不规则空间，注意其灭点不止两个

步骤二：画出墙面和地面家具的位置，注意
所有线条都应向相应的余点消失

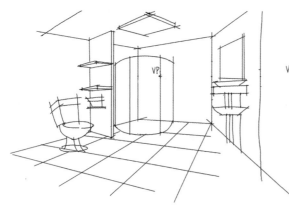

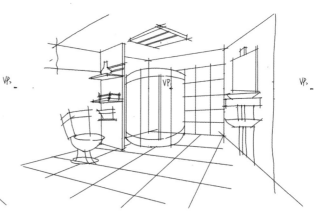

步骤三：向上画直线，引出家具体块

步骤四：刻画物品的形态细节

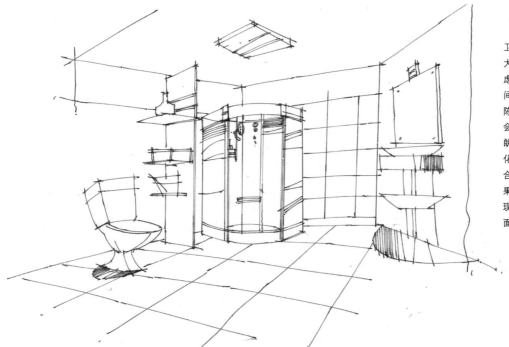

步骤五：表现物体的细节特征及阴影，营造空间氛围

卫生间的线稿难度相对较大，原因有二：一是此处考虑防水及打理卫生方便，空间形态一般较为直白简洁，陈设类别相对少，否则多了会显得凌乱；二是材质上硬朗干脆，不会有太多明显变化。所以，在线稿上不太适合出现过多的细节，表现效果多依靠接下来的色彩表现。要多关注物体底部和地面材质的颜色深浅变化

5. 办公前台空间线稿画法

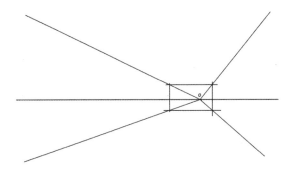 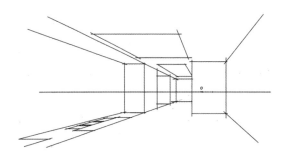

步骤一：画出基准面，确定视平线与灭点，画出透视线，明确视角

步骤二：确定主要墙面、天花板，确定前台的位置，作透视线，求出各部位的平面透视形态

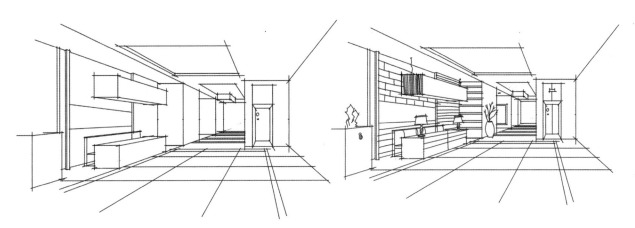

步骤三：向上引直线，画出主要家具的大致形态

步骤四：深入刻画，添加装饰性陈设品

办公空间的设计表现展示着一个部门或一个单位的精神风貌和价值取向。办公空间的表现既要有共性，也要有个性。开放、通透、高效、人性化等要素是办公空间绘制时的关注要点

步骤五：重点刻画细节，表现物体的特征及材质的质感

6. 经理办公空间线稿画法

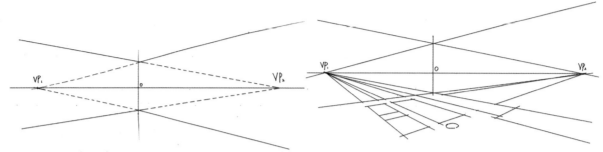

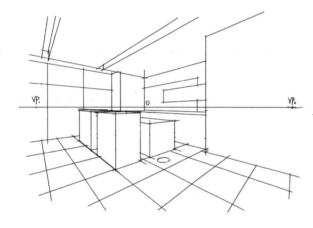

步骤一： 画出视平线，确定两个余点，画出透视线，确定真高线

注意：要表现出经理办公室开阔的空间，左右两个灭点的距离应适当加大

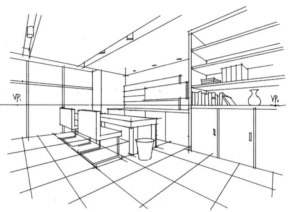

步骤二： 根据透视线画出地面物体的平面透视图

步骤三： 向上引垂直线，画出物体的整体形态，画出墙面和天花板的主要线条

步骤四： 画出空间的整体轮廓及陈设的形态，所有陈设要符合透视规律

步骤五： 用绘图笔进行细节特征的刻画，画出物体的阴影。注意画面整体的黑白灰关系

7. 会议室空间线稿画法

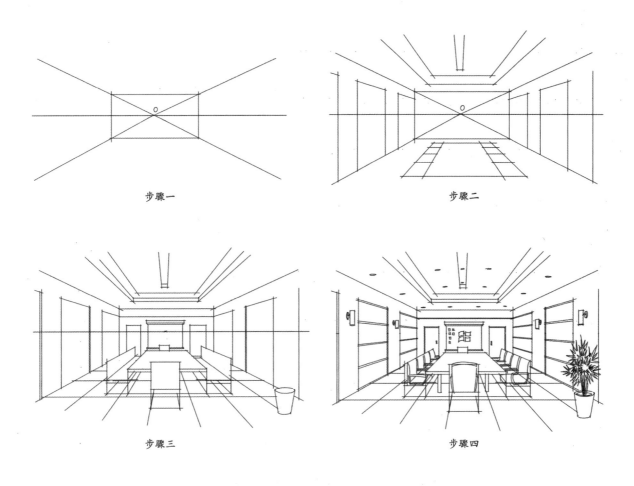

步骤一 步骤二

步骤三 步骤四

步骤五

8. 餐饮空间线稿画法

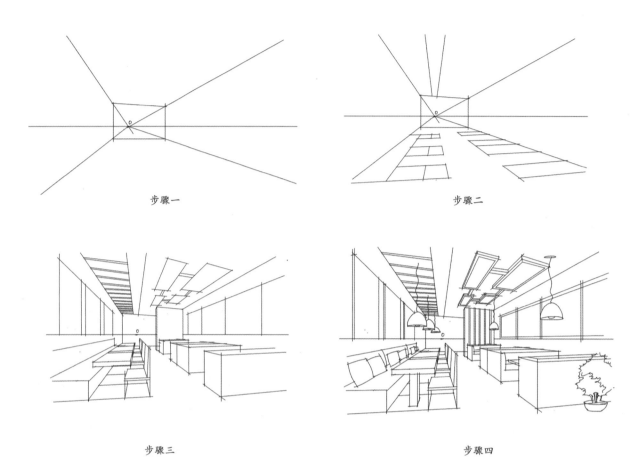

步骤一　　　　　　　　　　　步骤二

步骤三　　　　　　　　　　　步骤四

室内设计手绘不同于纯艺术性的绘画，所有的结构与透视都要经得起推敲

步骤五

9. 会所空间线稿画法

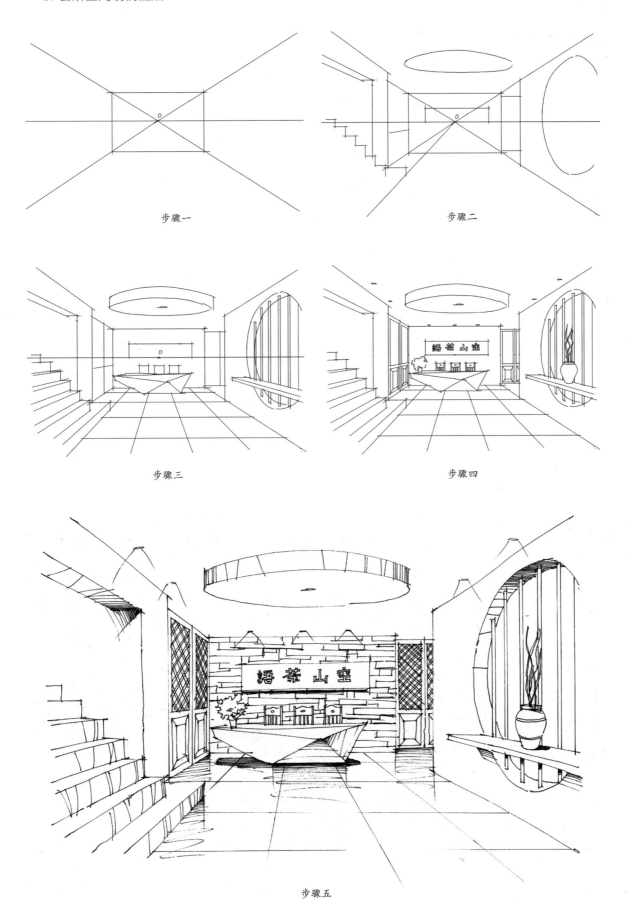

步骤一　　　　　　　　　　步骤二

步骤三　　　　　　　　　　步骤四

步骤五

10. 专卖店空间线稿画法

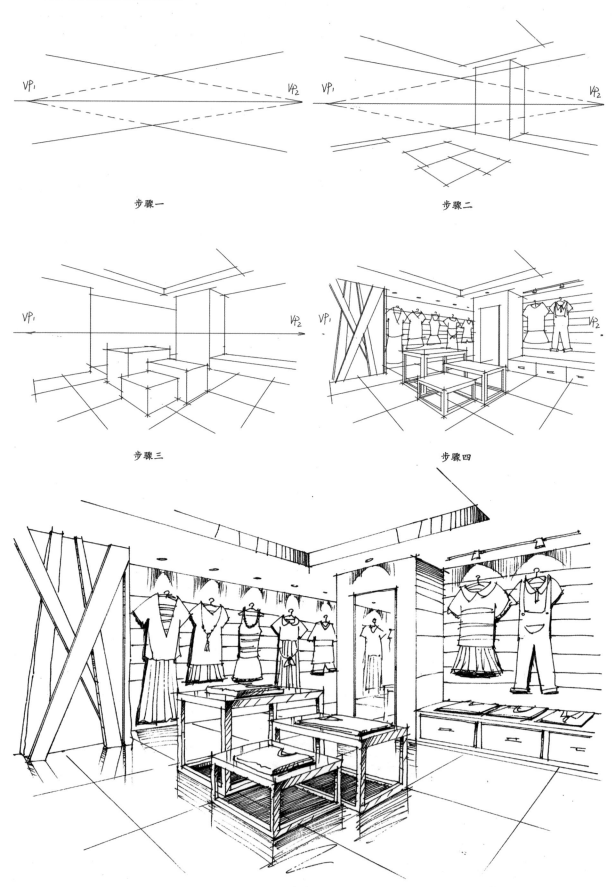

步骤一

步骤二

步骤三

步骤四

步骤五

三、室内空间着色

1. 客厅着色表现

家居空间组合能更加凸显陈设单体的气质，贵重的单体陈设不一定适合高贵、奢华的家居空间，要结合空间的特点，以及配饰的色彩、造型、材质、尺度关系等，进行搭配、协调、整合。陈设单体都置于适合的空间，其价值就会被放大。客厅是家居生活的心脏，关系到家居空间的品质。

步骤一：画出完整线稿，除了主要物体投影需要强化之外，其他地方不需过多用笔

步骤二：用彩铅和马克笔铺出空间面积最大的色块

步骤三：用不超过三种色彩的马克笔深入铺出大色调，注意冷暖关系

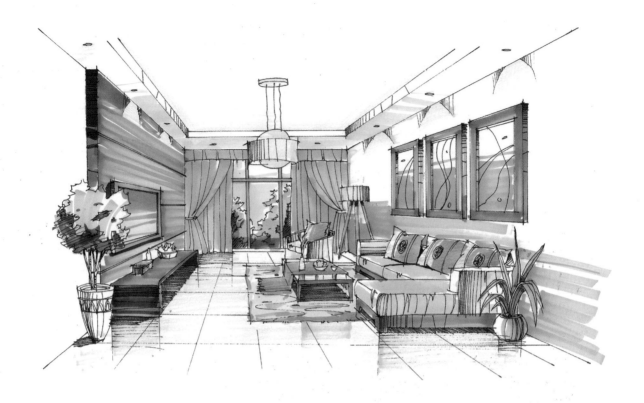

步骤四：把黑白关系加强，找一些物体的细节衬托出整个画面的层次

步骤五：用一些环境色调节画面，表现出颜色的前后、左右的呼应关系，并加强转折面的表现，以使转折关系更明显

2.卧室着色表现

步骤一：水性笔画出确定的线稿，初步表达画面的明暗关系

步骤二：用彩铅和马克笔铺出空间面积最大的色块。马克笔铺出画面的主要色调，并交代出物体之间的冷暖关系，用笔时主要根据画面的透视关系和地板的方向来铺色

步骤三：将画面中的重色和阴影部分区分开来，增加物体的立体感，同时扩充边缘物体的色彩，保持画面的整体性

手绘表现作为绘画的一种类型，有和绘画一样的特质：既有冲突，又有对比，也有震撼的视觉效果；有精到之处，也有概括之所，即既有细致入微的刻画，也有恰到好处的留白，这样才更有意犹未尽之感

步骤四：适当加入环境色，调节颜色的前后、左右的关系，并加强转折面和细节的处理，这样转折关系更明显，物体更为立体

3. 卫生间着色表现

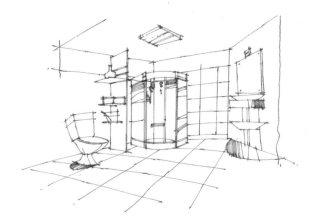

步骤一：完整线稿到位

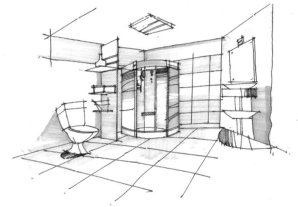

步骤二：整体色彩倾向

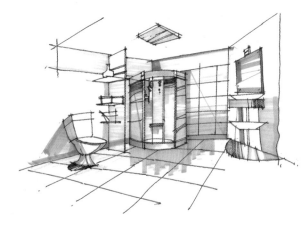

步骤三：色调深入

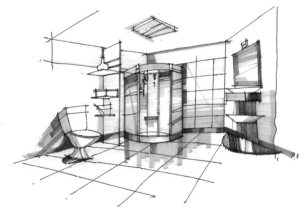

步骤四：重点稳住画面

卫生间的上色过程几乎是纯粹的黑白灰的表演，绘制时要注意干湿并用，先浅后深，对重色的使用要惜墨如金。在全部绘制完成以后，加上灯源的暖色和地砖的冷色，以示情趣

步骤五：深入刻画细节

4. 办公室着色表现

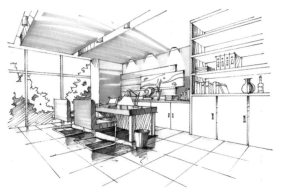

步骤一：拿捏准空间结构关系，构想整体色调

步骤二：铺出天花板的颜色，由于地面的镜面反射，呈现出与天花板同样的色彩倾向，注意深浅的区别。注意灯光的留白以凸显效果

步骤三：画出陈设的颜色，适当添加窗外的颜色

步骤四：加深暗部，适当营造效果

上色时，一般空间的一到两个界面可以用笔触重点表现，其他面的色彩则点到为止。办公环境氛围和文化品位的彰显尤其需要注意

步骤五：刻画细节色彩，调整色彩之间的关系

5.会议室着色表现

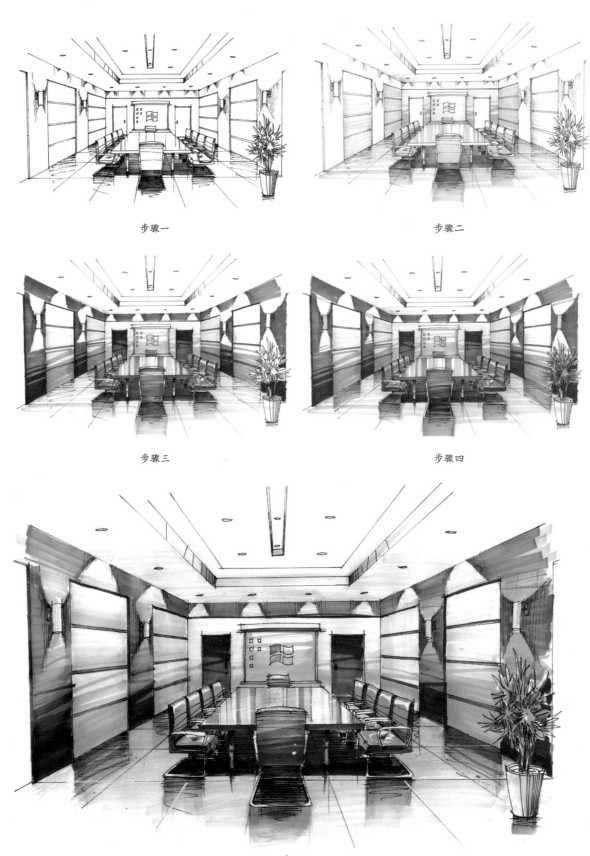

步骤一

步骤二

步骤三

步骤四

步骤五

表现会议室时，对于空间舒适度、尺度以及界面材质等立面的考量乃是关键

6. 餐厅着色表现

步骤一

步骤二

步骤三

步骤四

步骤五

7. 会所空间着色表现

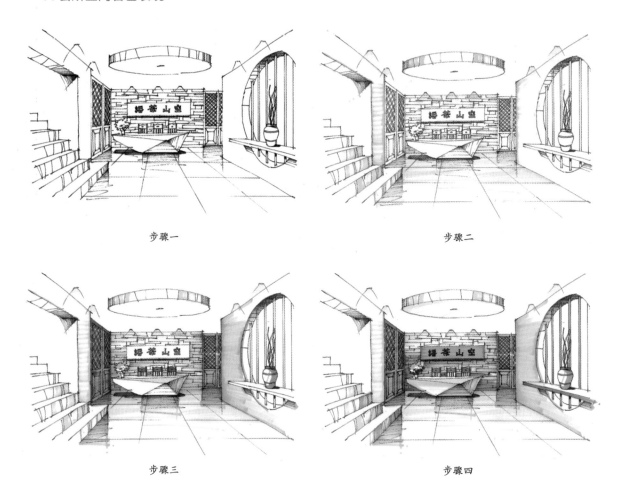

步骤一　　　　　　　　　　　　　　步骤二

步骤三　　　　　　　　　　　　　　步骤四

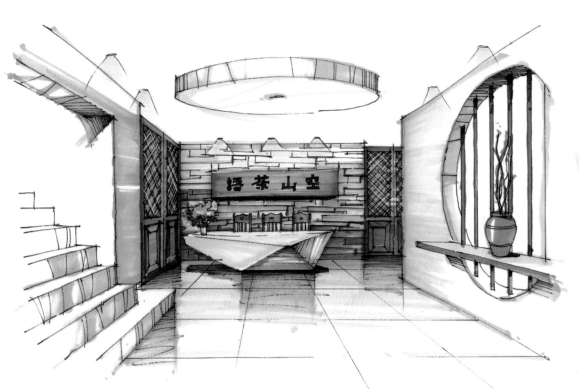

步骤五

8. 酒店大厅着色表现

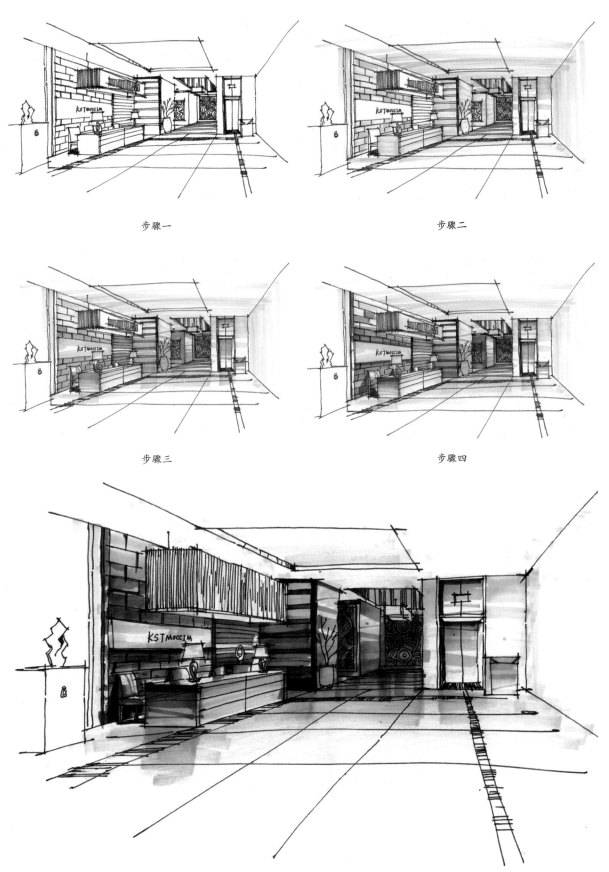

步骤一

步骤二

步骤三

步骤四

步骤五

9.服装专卖厅着色表现

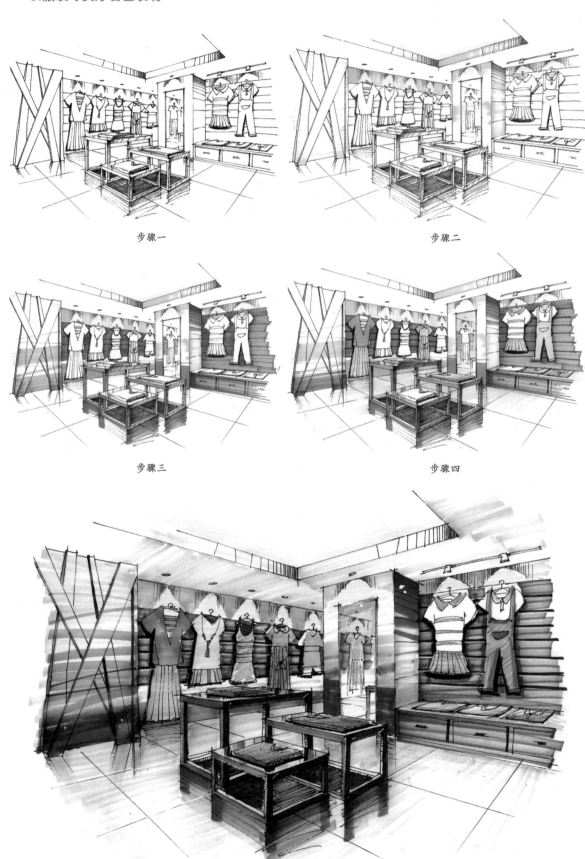

步骤一 步骤二

步骤三 步骤四

步骤五

四、空间着色范例

 微信扫码，看餐厅上色过程　　　　 微信扫码，看卧室上色过程

 微信扫码，看起居室上色过程 微信扫码，看客厅上色过程

画面四周的留白给人以空间的延伸感是上面两张图的特点，充分彰显了艺术性和个性

墨分五色，计白当黑。清亮而富节奏感的效果、随性而自由的
表现、干脆加直接的情趣掩盖了画面略带的轻飘感

色块的衔接、补色的碰撞，倒也不失为一种表现场景气氛的作画技巧

较为严谨而传统的绘制方法，严格地执行了近实远虚、重点突出的要求

这是一幅长期作业，效果非常到位，表现极其认真。准确和快速表现是目的，严谨与细致描绘是必需。长期作业的训练可以发现问题并能收获成功的喜悦，每位手绘者都应该经历这样的训练过程

手绘画面的目的是表现空间意象、空间尺度、空间材质和色调等，其核心是以面造物，除非特意地留白。一般而言，不宜多见无色无面的物形，否则会予人以空洞、单调之感

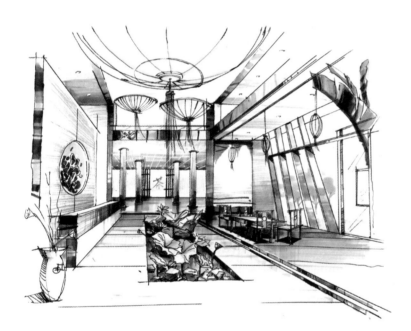

从画面可以感受到简练的线条、素净的色调、朴实的技法，空间的尺度和气度是画面表现的重点所在

不见花哨的技法，不见慷慨的情绪，唯有踏实的行事风格和不拘细节的气度彰显于画面的色调、材质、空间格局中

画幅虽小却精到，物象简单却有力。马克笔的种种技法要求不再是束缚，绘者自有方法。绘者喜欢用迅疾、锐利的直线围成许多方形、梯形，还夹杂着一些优美的弧线；色彩厚薄、浓淡相宜，营造出温馨而热烈的氛围

真正的高手应该无"法"，一切皆为我用。色彩的浓淡变化和层次感、造型的抽象与简洁都体现了现代感的形式意味，表现了一种浪漫而热烈的人生态度

线条的重复、不肯定本是手绘的大忌，可在这里却成了图示的特点，显示了绘者思考、推敲的过程。黑灰各得其所后，薄敷一层颜色，画面顿时有了精气神

注重把握主要物象、色块的情趣
与动态，抓住手绘的画外之意，
表现一种闲适自由、任性自然的
生活态度

造型写意而概括，所
绘物体只注重主要的
形象特征的表现，而
大量舍弃一般的细
节，使其形象更为突
出，特征更为明显

形体拼贴的游戏性在此得到
了充分的彰显，绘者尽情地
扭曲、变形、叠加、组合，
又不离总的具象感觉。可见
这位绘者在创作时融入了舞
台设计技巧

画面隐藏有严密的层次感，色彩跳跃、空间交错，层层展开、平衡对称、虚实相间，渗透了空间通透感与画面张力，那几笔白色，似光似风。这幅作品成功地用光色语言创造了一个童真世界

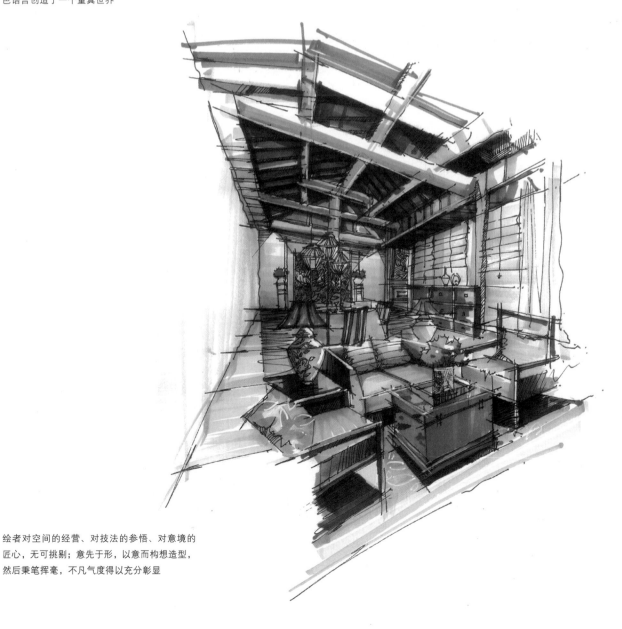

绘者对空间的经营、对技法的参悟、对意境的匠心，无可挑剔；意先于形，以意而构想造型，然后秉笔挥毫，不凡气度得以充分彰显

笔触衔接、色块交融及力气兼具，
见心、见功力

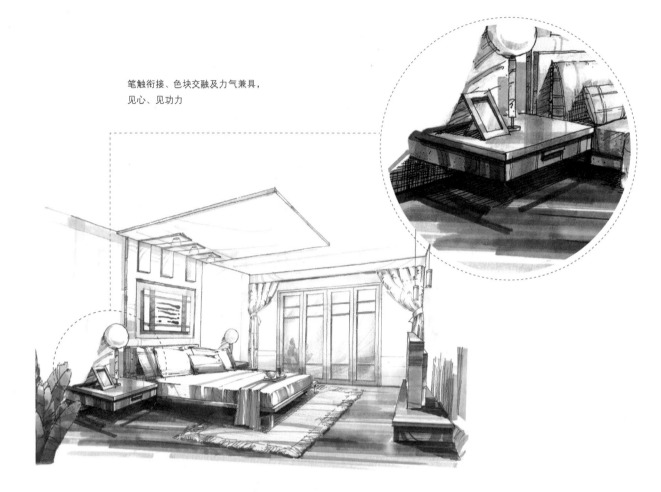

材质的表现是本图的亮点，注意
大块面的平涂和局部的笔触，这
也是强调和弱化的表现

一般使用马克笔不建议多画
环境色，如果要画，多出现
在主要物体的暗部色调中

恰到好处的省略和概括是此画
的优点，值得借鉴

概括和简练是这两张画的最大特点，黑白灰点到为止

画面看似简单，仅仅安排了物体的投影关系，以及几个主要物体的固有色
和材质；但所谓"少即是多"，显示出绘者成熟的思考和技法

用色不多，用笔考究，技法游刃有余。涂抹浸润和擦扫枯干并用，线面结合，
恰当地表现出了起居空间极其安适、温馨的气氛

五、空间着色细节分析

1.投影的形意

此处的投影特指手绘作品中主要物体的投影，即视觉中心的物体投影。一般是靠近光源处较为清晰明了，用笔要干净、果断，色彩尽量不要浸润模糊；主要物体的底部投影颜色深沉，用笔要干脆、有力度。

物体的投影作为画面的深色部分，除了可以强调主次空间的前后关系，同时也是表现对象的形态、高矮、主次等方面的重要表现手法和语言。此处可见阴影的清晰形态，用笔肯定，描绘到位。这里可见绘者的笔触技巧、对线条力度的控制，很能体现绘画功底

上图中的深色不仅点缀画面、压得住画面，使画面黑白灰关系明确而响亮，同时，
强烈的明暗对比，既拉近了物体与观者的距离，又凸显了椅子的尺度

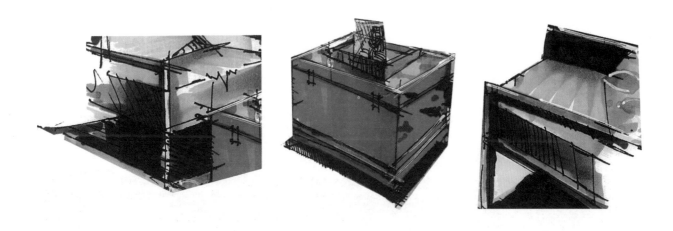

三块阴影的重色用得恰到好处，看似黑色一块毫无变化。但色块的大小、形态刻意的变化
都彰显了绘者的底气，恣意自由、轻松随意，这是最好的绘画状态。阴影重色中也加入了
环境色，对整个画面的氛围起到了协调作用，使得阴影部分并不显得突兀

2. 投影的颜色

主要物体的投影上色应该考虑选用物体支撑物的色相。首选支撑物的深色作为投影，实在没有合适的颜色，再选择黑灰色代替。如下两图，茶几在粉红色地毯上的投影用深粉红来描绘，而在灰蓝色地毯上则用深蓝色塑造。马克笔颜色犹如水彩，以这种方法描绘，更显干净、透气。

3. 结构的肯定

物体的结构线是体现物体的形态特征及质感的所在（如图中红圈所示）。尤其是空间内主要物体的结构转折处，在用线上要重点予以强调，但也要把握好度，切记过犹不及。

4. 笔墨的所在

画面不能处处使力，大调子铺好后就先丢掉次要部位，而着重刻画视觉中心之物。笔触及色块的对比、画面效果的冲突、作品耐看与否，全看此处的表现是否到位。

5. 从欢喜处入手

若手绘入门者对空间表现一时无法把握、掌控，可以就某一对象的局部先练习用笔和用色，也可以从生活中喜闻乐见的对象开始表现，从而逐步了解并把握笔触及色性的要点。

扫码扫码看笔触过程

喜闻乐见的自然对象

6th

CHAPTER

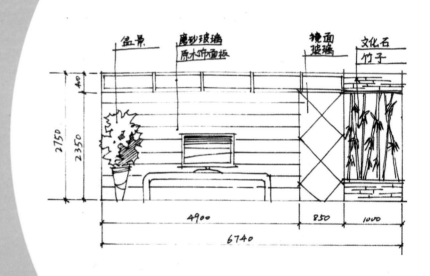

手绘方案图绘制

一、手绘方案的平面图
二、手绘方案的立面图
三、手绘方案的设计范例
四、手绘方案图的实际运用

一、手绘方案的平面图

界面中平面图主要含地面布局图（地）和顶面布局图（天）。地面布局图不仅要体现形态的视觉美，更需要体现功能的合理性。顶面布局图一般应与地面布局图形成呼应，同时有照明及空调新风系统等的综合考虑与体现。

1.方案平面图的作用

设计方案手绘平面图是设计师对空间认知和功能性规划的记录和表达，体现的是设计师的思考。主要反映空间的平面布局形状，空间的高差关系，空间使用材料及色彩，墙（或柱）的位置、厚度，门窗的位置及其开启方向，等等。

方案平面图可以作为施工放线，砌筑墙、柱，安装门、窗等室内装修及编制预算的重要依据。

2.平面图元素的表达方式

平面图元素由点、线、面构成，要表达出物体的外部特征。室内平面图元素的表达有行业规范，对此，设计师应该十分熟悉并能够熟练地应用到图示中。

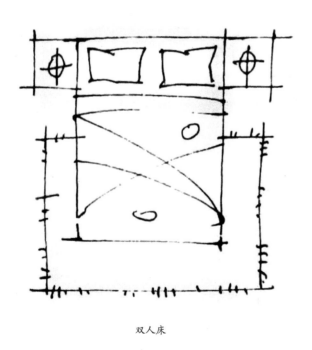

双人床

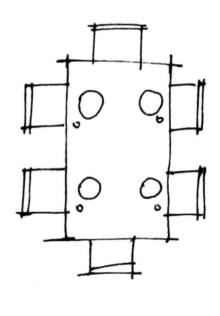

餐桌

关注形象特征的同时，更要关注图像的比例和尺寸大小，
这是设计师必须养成的思维习惯

（1）平面图元素的线稿范例

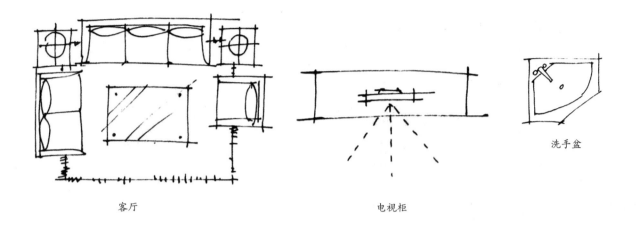

客厅 电视柜 洗手盆

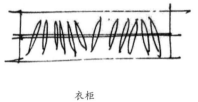
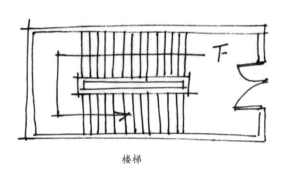

衣柜 楼梯

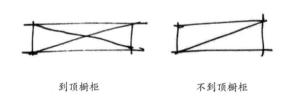
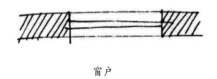

到顶橱柜 不到顶橱柜 窗户

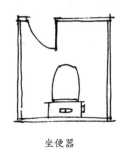
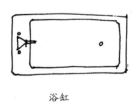

会议桌 坐便器 浴缸

（2）平面图元素的着色范例

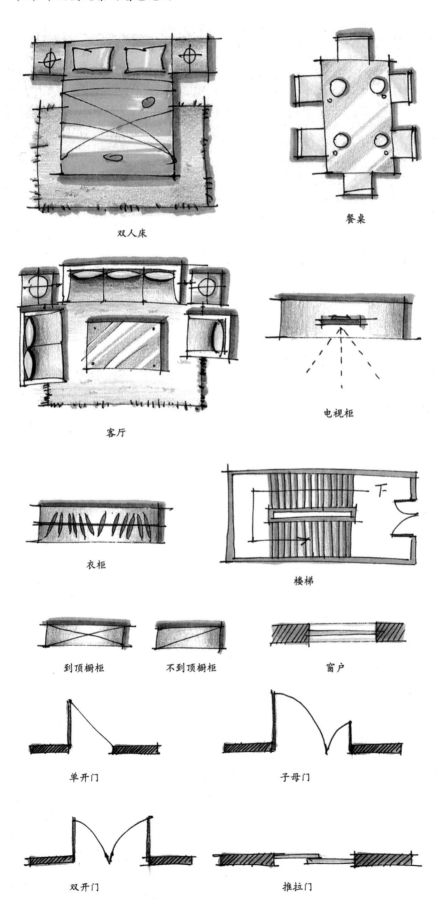

双人床

餐桌

客厅

电视柜

衣柜

楼梯

到顶橱柜　　不到顶橱柜　　窗户

单开门　　　　　　子母门

双开门　　　　　　推拉门

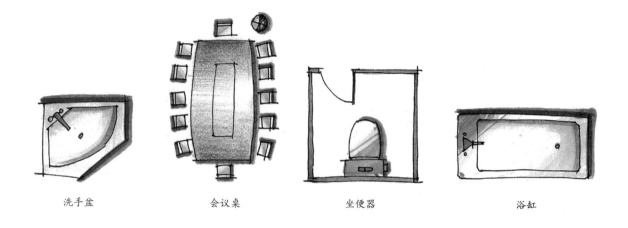

| 洗手盆 | 会议桌 | 坐便器 | 浴缸 |

3.综合平面图的表达

综合平面图是一个设计师的综合素养的集中体现，一张图就能较全面地反映绘者的设计水平、手绘功底、审美修养等。入门级绘者在手绘表现方面应当关注以下几个方面：

（1）规范

南北朝向的标注、比例尺度、符号的标注，等等。

（2）审美

线条层级、黑白对比、疏密关系、色调关系、竖向高差等。

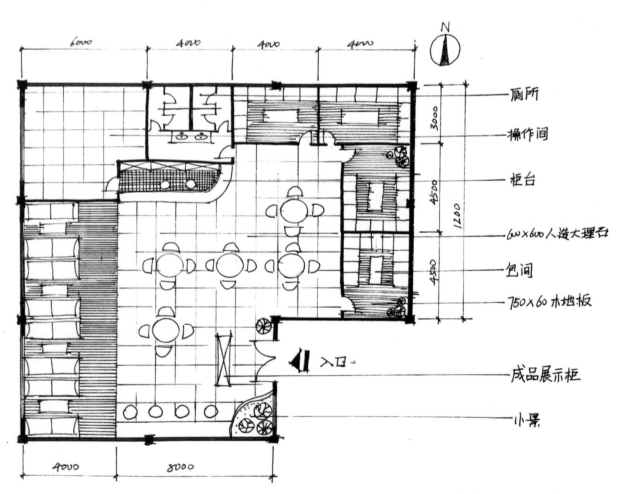

平面布置图1：50（单位mm）

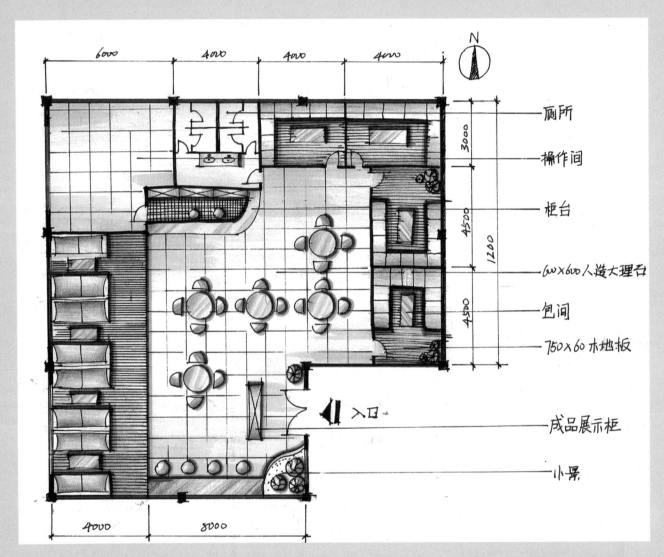

N

厕所

操作间

柜台

600×600人造大理台

包间

750×60木地板

入口

成品展示柜

小景

平面布置图 1：50（单位 mm）

从表现角度而言，色调统一、虚实对比、竖向高差、线条层级、材质
肌理等，均是画面中要着重考虑和关注的要点

二、手绘方案的立面图

立面图作为竖向界面的图示，在考虑功能性（采光、通风、人行等）之外，应更多考虑绘图符号的系统性及界面的开合、虚实等关系。思考成熟的界面可以通过CAD软件深化成完整的施工图，那是施工的蓝图。

1.立面图的作用

立面图主要反映空间界面的形态和关系，即空间的形态、门窗的形式和位置、墙面的材料和装修做法等，是施工的重要依据。

这项工作不仅体现了设计师的审美素质，也彰显了设计师对设计现实的理解程度，以及对尺寸、材料、工艺、构造等方面的了解。

2.立面图的绘制

立面图一般表现的是空间与物体的竖向造型。

室内立面图应包括室内轮廓线和装修构造、门窗、构配件、墙面做法、固定家具、灯具、必要的尺寸和标高，以及需要表达的非固定家具、灯具、配饰物件等。至于室内立面图的顶棚轮廓线，可根据具体情况，只表达出吊平顶，或同时表达吊平顶及顶棚结构即可。

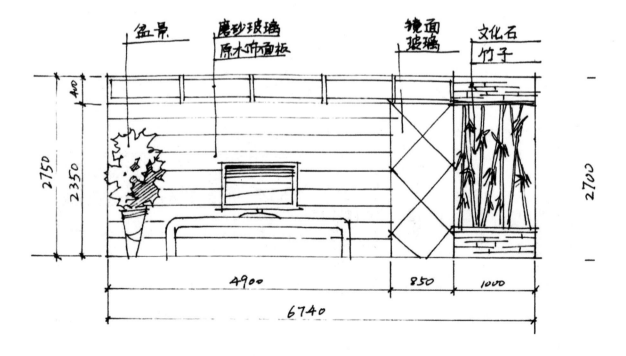

立面图（单位mm）

平面形状曲折的建筑物,可绘制展开立面图和展开室内立面图。圆形或多边形平面的建筑物,可分段绘制展开立面图、室内立面图,但均应在图名后加注"展开"二字。

对于较简单的对称式建筑物或对称的构配件等,在不影响构造处理和施工的情况下,其立面图可绘制对象的一半,并在对称轴线处画对称符号。

在建筑物立面图上,对于相同的门窗、阳台、外檐装修、构造做法等,可在局部重点表示,再绘出其完整图形,其余部分则只画出轮廓线。

建筑物室内立面图的名称,应根据平面图中内视觉符号的编号或字母确定。

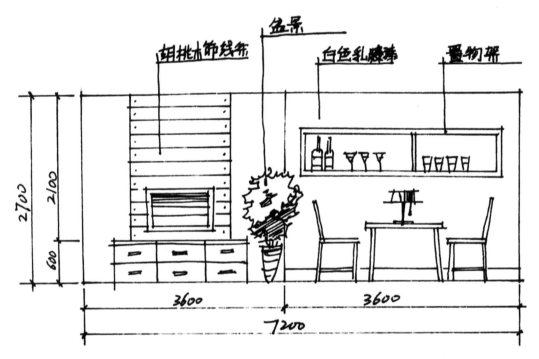

立面图(单位 mm)

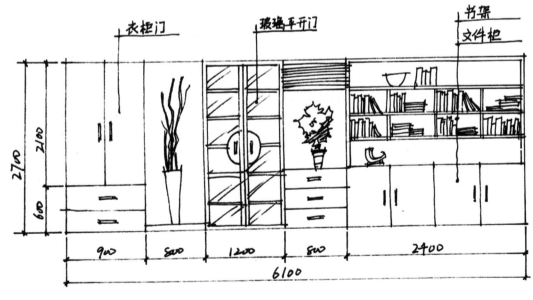

书柜立面图(单位 mm)

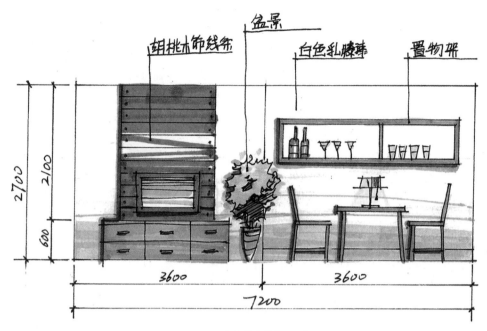

胡桃木饰线条
盆景
白色乳胶漆
置物架

2700
2100
600

3600
3600
7200

立面图（单位mm）

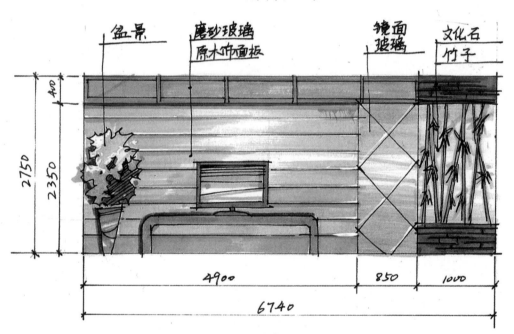

盆景
磨砂玻璃
原木饰面板
镜面玻璃
文化石
竹子

440
2750
2350

4900
850
1000
6740

立面图（单位mm）

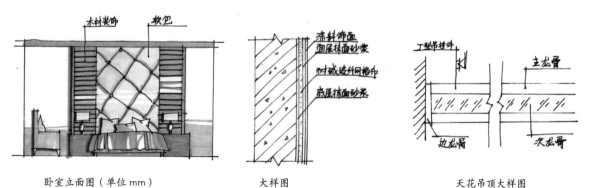

木材装饰
软包

卧室立面图（单位mm）

涂料饰面
面层抹面砂浆
耐碱玻纤网格布
底层抹面砂浆

大样图

工型吊挂件
主龙骨
边龙骨
次龙骨

天花吊顶大样图

当绘制设计方案时，如遇特殊的、较复杂的或是设计师独创的节点大样，
方案设计师应该画出并标注清楚，以备施工图出图时能够准确绘制

三、手绘方案的设计案例

一般来说，整套的手绘方案应该包括设计平面图（含地面布局和顶面布局）、各个立面图、主要角度透视效果图、竖向高差剖面图、功能布局图、空间流线图，以及设计说明等。

"老上海"服装定制店空间设计案例

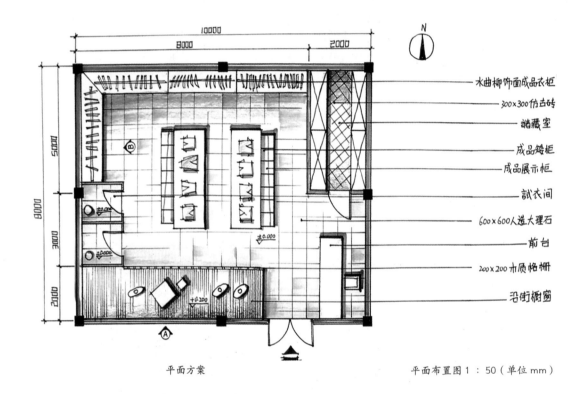

平面方案

平面布置图 1：50（单位 mm）

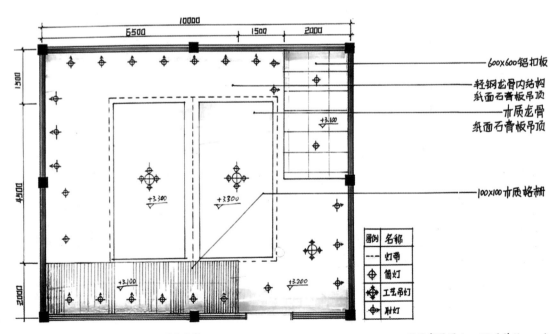

顶面方案

顶面布置图 1：50（单位 mm）

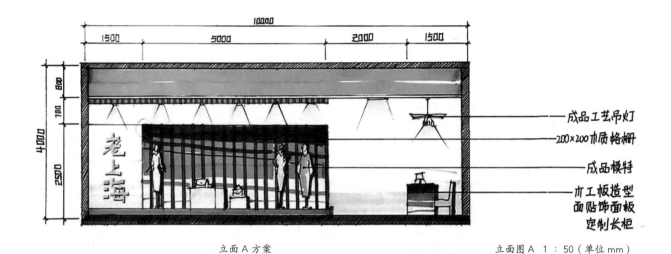

成品工艺吊灯

200×200 木质格栅

成品模特

木工板造型
面贴饰面板
定制长柜

立面 A 方案　　　　　　　　　　　　　　　　立面图 A　1：50（单位 mm）

　　这是一套商业性能室内空间设计概念性方案。一般方案设计要按照委托方的设计任务书来统筹安排空间和节奏，成熟的设计师不仅要考虑上述问题，也要考虑到施工周期和价格。如果设计师自己满意并获得委托方的认可，可以做深化设计（又叫扩初设计），待各方面思考成熟后，即可着手绘制施工图。

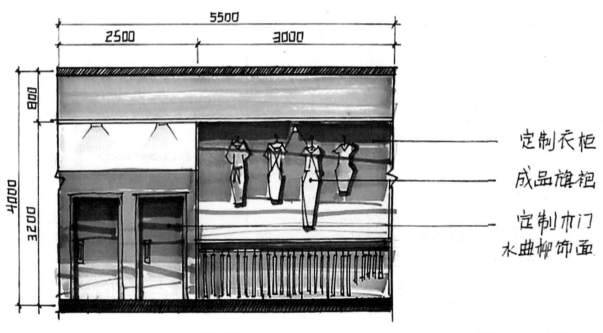

定制衣柜

成品旗袍

定制木门
水曲柳饰面

立面 B 方案　　　　　　　　　　　　　　　　立面图 B　1：50（单位 mm）

主要节点效果方案

□商品区 □储藏区 □试衣区
□橱窗展示区 □接待区

功能分析图

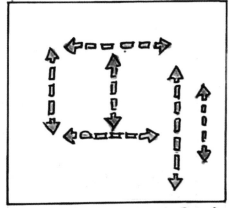

□顾客流线 □工作人员流线

流线分析图

功能及流线分析

四、手绘方案图的实际运用

在环境艺术设计的学习和工作中，手绘能够全面地展现设计者的技能。好的手绘作品体现了绘者理论与实践的完美结合。"行家一出手，便知有没有"，只凭一张图，一位设计师的眼界、阅历、理念、审美，以及对工法、材料的了解展露无疑，乃至个人道德标准也能高下立判。快速高效是手绘表现的显著特点之一，因此，各大高校设计类专业研究生入学考试和设计院的入职考试大都会考命题手绘，考试时间一般是3~6小时。有的高校注重画面设计理念和设计效果的表达，有的高校除上述考量之外，对整个绘图版式和设计说明都有明确要求，在此，提请读者多加注意。

1.高校研究生入学考试试题类

历年的考研试题大体分两类：一类是东南大学建筑学院、同济大学建筑与城市规划学院等老牌建筑院系环艺专业的研究生入学考试试题，不仅考查学生的设计思维、审美修养、手绘表现、文字表达能力等，还考查学生对工程技术和材料的了解程度。据笔者查证，东南大学建筑学院环艺硕士研究生招生考试在2004年开始就有了类似室内吊顶、楼梯的节点大样的考查。而南京艺术学院、南京理工大学等高校，考试命题则比较宽泛，比如2014年的命题是以自然界的"水"为母体，结合环艺方向自拟设计对象，按要求绘出平面图、立面图、主要节点透视图及设计说明，着重考查学生的创意素养和手绘表现能力。

例题 1
图书馆设计

要求：功能上布局合理，动线流畅。内容上需要有平面图、顶面图、主要立面图、透视图和功能分析图。注意整体版面的构思。

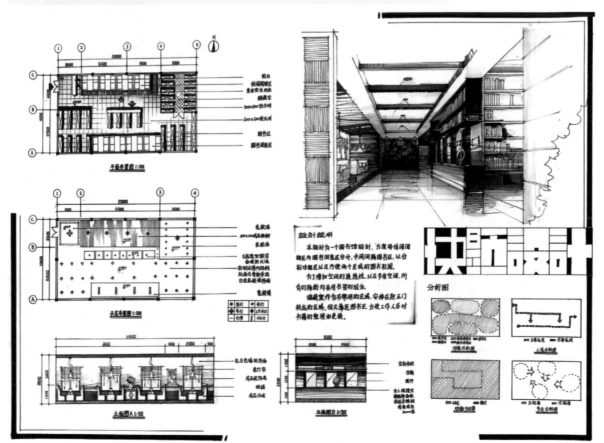

题1：图书馆设计

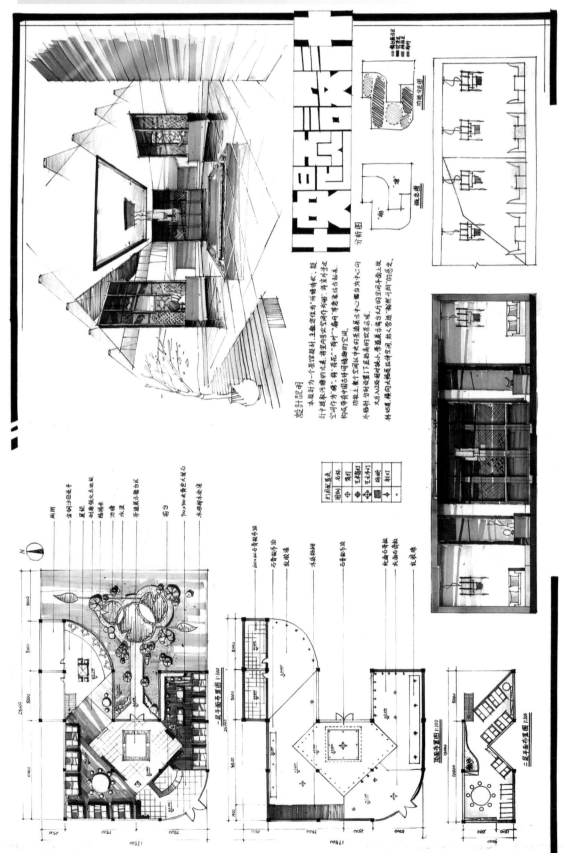

题2：茶馆空间设计

定制旗袍店空间设计
例题3

要求：设计上布局合理，区域明确。内容上需要有平面图、顶棚图、主要立面图、透视图、功能分析图，以及一篇200字以内的设计说明。注意整体版面构思。

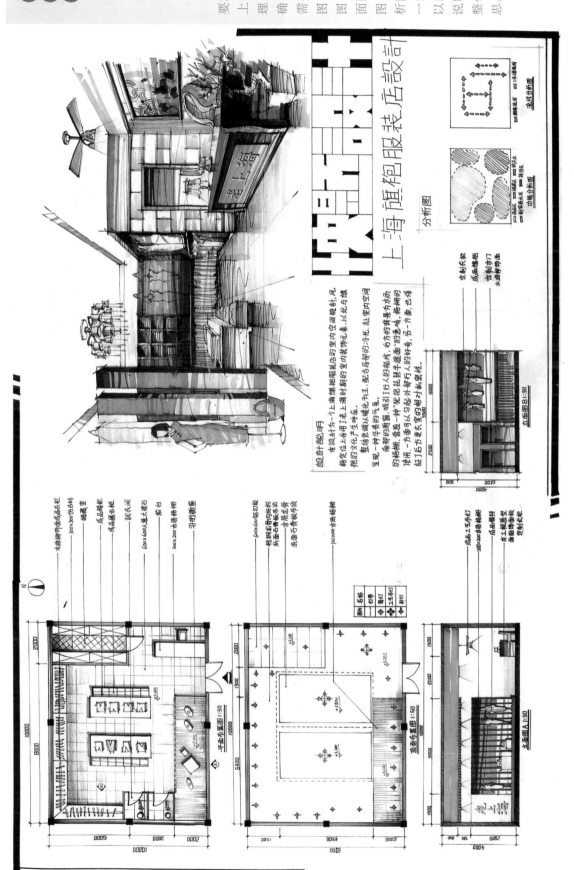

商业空间设计
例 题 4

要求：设计
上功能布局
合理，功能
定位恰当。
内容上需要
有平面图、
顶棚图、主
要立面图、
透视图，功
能分析图，
以及一篇
150字以内
的设计说
明。注意版
面的整
体版面的构
思。

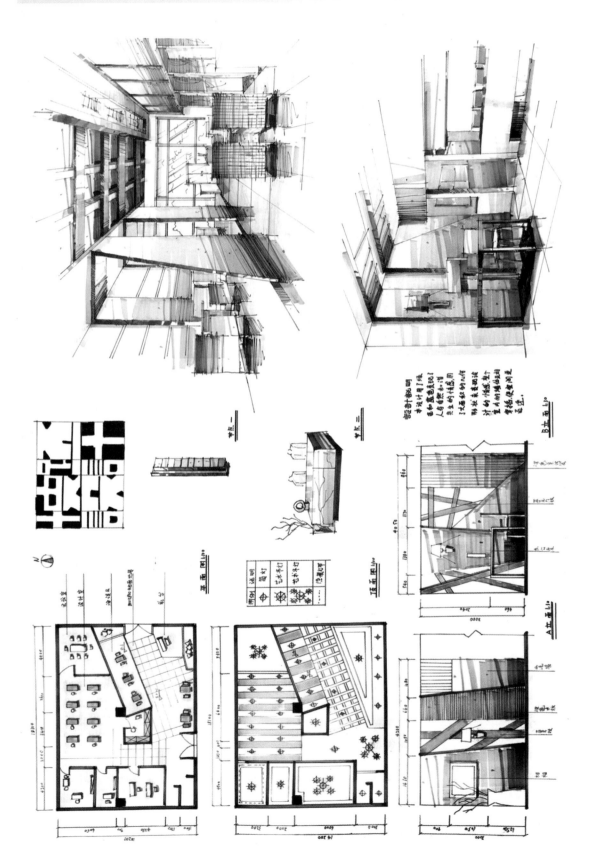

题4：商业空间设计

汽车展厅空间设计

例题 5

要求：功能布局合理，动线流畅，并有可供消费人群休憩的空间。内容上需要有平面图、顶棚面图、主要立面图、透视图和功能分析图。注意整体版面的构思。

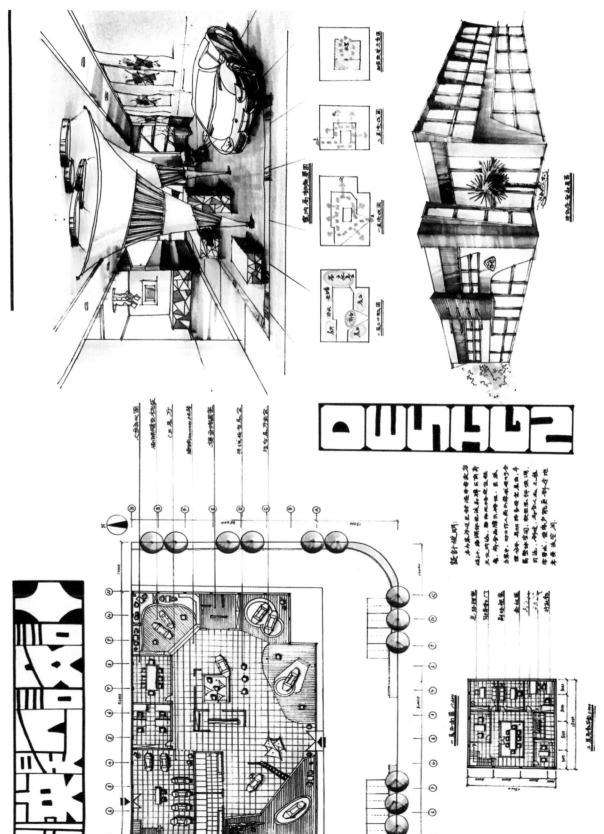

题 5：汽车展厅空间设计

精品超市空间设计

例题6

要求：功能、布局、动线、空间上能够满足消费人群的需求、视觉上能够彰显购物空间的氛围。内容上需要有平面图、顶棚图、主要立面图、透视图和功能分析图。注意整体版面的构思。

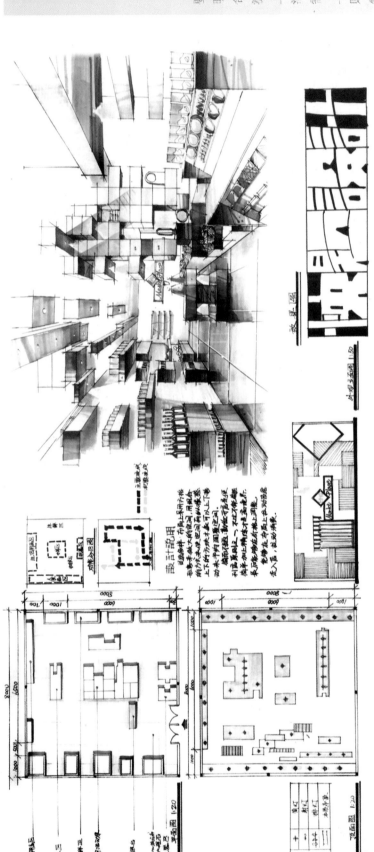

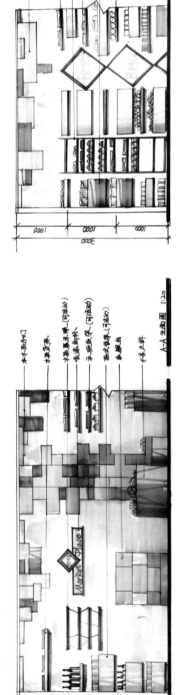

题6：精品超市空间设计

2.设计院（公司）招聘试题类

当下，设计公司或者地产集团招聘、国际设计招标也开始有设计过程手绘表现的要求，一是为了考查设计师的综合素养，二是杜绝使用电脑效果图图库里拼凑出来的作品以蒙混过关的欺骗行为。即使有的项目并无手绘表现的要求，但是，若能够在设计投标文本里加入有思想、表现效果好的手绘，必然会增色许多。

例题 1

售楼处室内空间规划设计

要求：售楼处基地面积为300平方米，销售对象是别墅楼盘，三个楼盘地块同时推出，建筑为新古典主义风格。设计及表现3小时完成。

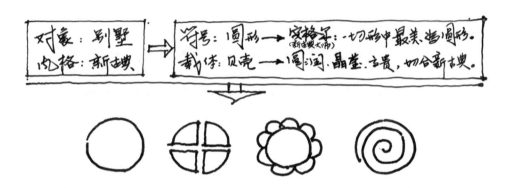

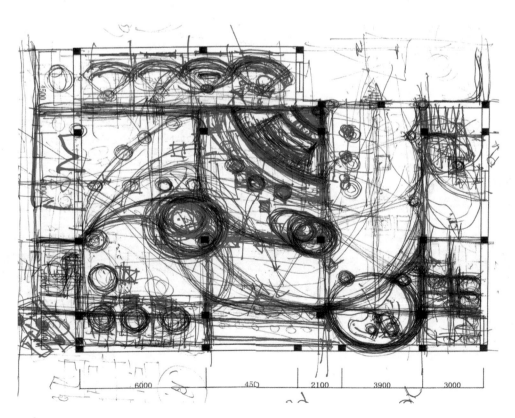

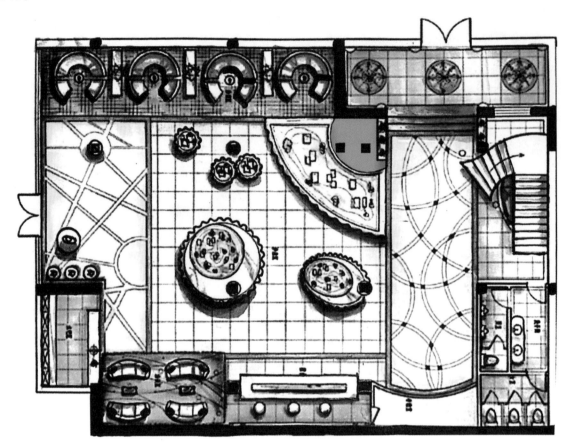

平面方案定稿表现

空间效果意向

题1：售楼处室内空间规划设计

例题 2

样板房卫生间空间设计

要求：风格本色自然，格调清新，功能定位宜居，以此为标准绘制出
样板房卫生间的平面图、主要立面图和透视图。

平面图

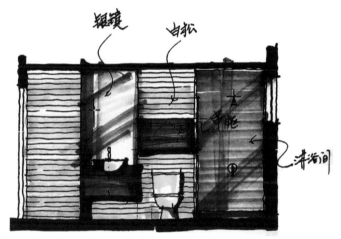

立体图

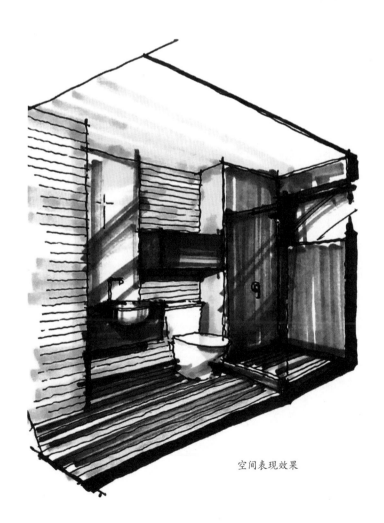

空间表现效果

题2：样板房卫生间空间设计

后记

　　画如有形文章，为人、状物、寄情、表意，一抒心灵感悟，状物寄情，化景为相。画之技巧，手艺活也，劳心劳力，心手相一，方可"得心应手"。

　　吾等喜画，幼时即迷，涂鸦而已。自设计院校毕业后，奔波于讲坛和工地间，为生计更为业精！缘教学与设计离不了图示，故多年来丹青未丢，然未能涂之成癖，持之以恒。偶来兴致，尝成一图，乐己娱人，有兴奋感、满足感。

　　今师大委托编撰小册，盖技不足、力不逮，纸上谈兵多于身教，窘憾也！古云：传道授业解惑为师。前二者难为，解惑尚可，倘能三分之一师者为，亦人生快事！余虑惑者有三：一曰图示类别；二为图示技窍；三乃图示效用。若阅者读后或有感、有悟，得画外之意，实为造化。

　　不忘初心，方得始终！叩东南赵思毅、高祥生先生大德，引吾入门！拜博导李亚军先生提携，渐入堂奥！

　　流年似水，陌途漫远，求索之意昂然。是为记。

徐伟

于台湾斗六

2016年9月10日